国家自然科学基金资助（资助号：61371121）

装备科技译著出版基金

超宽带业务自由空间光网络

Free Space Optical Networks for Ultra-Broad Band Services

[美] Stamatios V. Kartalopoulos 著

张宝富 闻传花 葛海波 等译

U0310118

国防工业出版社

·北京·

著作权合同登记　图字：军-2015-150 号

图书在版编目（CIP）数据

超宽带业务自由空间光网络/（美）S.V.卡塔洛颇罗斯著；张宝富，闻传花，葛海波译. —北京：国防工业出版社，2017.6

书名原文：Free Space Optical Networks for Ultra-Broad Band Services

ISBN 978-7-118-11212-2

Ⅰ. ①超…　Ⅱ. ①S…　②张…　③闻…　④葛…　Ⅲ. ①超宽带技术—研究　Ⅳ. ①TN926

中国版本图书馆 CIP 数据核字（2017）第 130478 号

Free Space Optical Networks for Ultra-Broad Band Services

by Stamations V. Kartalopoulos

978-0-470-64775-2

※

国防工业出版社出版发行

（北京市海淀区紫竹院南路 23 号　邮政编码 100048）

三河市众誉天成印务有限公司印刷

新华书店经售

*

开本 710×1000　1/16　印张 12　字数 210 千字

2017 年 6 月第 1 版第 1 次印刷　印数 1—2000 册　定价 69.00 元

（本书如有印装错误，我社负责调换）

国防书店：(010) 88540777　　　发行邮购：(010) 88540776

发行传真：(010) 88540755　　　发行业务：(010) 88540717

译者序

自由空间光通信（FSO）是下一代的网络技术，是代替光纤、射频、微波在大气中传输光信号的光通信技术。与光纤通信技术相比，FSO 技术在非常短的时间内可同时为多用户提供超宽带业务且不像无线电技术那样受电磁频谱限制。

FSO 是一项户外无线通信技术，发射光信号的波长位于微米范围，不在传统无线电的电磁频谱（米到毫米）范围内，因而无须联邦通信委员会（FCC）或市政许可审批。FSO 激光束可以在高大建筑物的屋顶与屋顶、窗户与窗户之间快速构建一个 FSO 网络，如采用波分复用（WDM）技术，能提供超过数十吉比特每秒，甚至上百吉比特每秒的数据速率。FSO 至少有三方面可期待的优势，即快速部署、超高数据速率和终端机动性。

本书由全球知名光通信专家卡塔洛颇罗斯教授撰写，采用浅显易懂、简明扼要的语言，省去了过于详细的技术细节，以便具有一般背景知识的读者能够理解 FSO 基本概念与原理。卡塔洛颇罗斯教授对于阅读过他以前著作的读者来说非常熟悉，其一贯的写作风格使得本书对于想了解 FSO 全貌的读者同样是一次愉快的阅读。

全书除引言外共 9 章，详细介绍 FSO 的器件、传输介质、网络拓扑、业务、保护、应用、工程以及安全性等。第 1 至 3 章分析影响光束传输的大气现象，分析 FSO 链路和 WDM – FSO 链路所涉及的技术、FSO 节点设计所需的器件。第 4 至 6 章分析实际应用的 FSO 网络拓扑，如点到点、环形网到网状网及每一种拓扑的相关问题，分析 FSO 节点的设计复杂度、流量、故障保护及 FSO 能够支持的服务类型。第 7 至 9 章分析 FSO 与公网、无线及蜂窝技术的融合及网络的安全问题与应用。

本书由张宝富、闻传花和葛海波共同翻译完成，第 0 至 3 章由闻传花和张宝富负责翻译，第 4 至 9 章由张宝富和葛海波负责翻译，全书由张宝富负责统稿。参加翻译工作的还有刘颖、汪井源、朱勇。面对书中涉及的激光技术、光纤通信技术、光网络技术及无线通信技术等大跨度的专业知识和原著作者独具特色的语言风格和叙述方法，译者深感在短时间内翻译该书是一项难度较大的挑战，全体人员虽尽力将时间和精力奉献在这项工作中，但受自身专业和学术水平所限，难免有错误和不妥之处，恳请所有同行专家与读者斧正赐教，欢迎发送邮件至 zhangbaofu@163.com。借此机会，向为本书顺利出版做出贡献的所有同仁以及国防工业出版社的编辑致以诚挚的谢意。

译者
2017 年 1 月

自有人类历史以来，就有传递消息的需求。不仅如此，人类也一直非常重视将消息从某地 A 安全可靠地传到另一地点 B 的传递速度。很早，人们就认识到传递信息最快的并不是跑得最快的马或人，而是光。因此，一些古老的国家，如希腊，在山顶建立起了灯塔网络，通过点燃火把，信息在灯塔之间进行传递，经过编码的消息以光速向前传输。今天，因其在特洛伊时代的通信应用，这个网络被称为"阿伽门农的链路"。

技术的进步可以制造激光器。这种微小的半导体器件能产生非常窄的可见光束（光谱位于 400 ~ 700nm）和不可见光束（光谱位于 800 ~ 900nm/1280 ~ 1620nm）。简单的激光指示器仅仅是激光器众多应用之一。激光器最为重要的应用之一是光通信网络。

光纤通信网络具有空前的信息流量，释放了技术人员和通信服务提供商的想象力和创造力。今天，在几十年前被认为是科幻小说的多重（Multi - play）和 3 维（3 - D）电信服务已经成为现实。同样，今天的电信服务在 10 年后也将被认为是陈旧的，许多看似科幻的服务都将成为现实。

光纤骨干网提供的巨大信息流量使得接入网成为一个瓶颈，这就是所谓的"最后 1 英里"（1 英里 = 1.609344km）问题。接入网的传输速度无法与骨干网相适应，它没有使用光纤，而是使用了传输模拟信号，但并不适合高速数据传输的铜缆。这个瓶颈早在 20 世纪 80 年代就被预见，大量的研究和原理样机证明，只要条件合适，已有铜缆构成的模拟环路可以用于传输高速数据信号。AT&T 贝尔实验室的科学家开展了此项研究，当时我很荣幸参与了这项活动的核心工作，取得的成果就是综合业务数字网（ISDN）和数字用户环路（DSL）技术。当时，人们试图借这项技术解决"最后 1 英里"瓶颈。

在过去的 20 年里，互联网变得越来越流行，新的更强大的数据系统（路由器）连上了光纤，并创造了数据网络层。此外，新的协议也设计出来，以便吉比特每秒的数据传输。并且，新一代蜂窝无线协议打破了电话的界限，通过电磁波提供数据和图像服务。因而，数据传输速率增加，用户流量需求增加，各种类型的服务也变得更复杂。结果，为了满足各种类型服务的需要，接入网需要更高的数据速率，而这只有光通信技术能够提供。现在，为了解决这个问题，无论是家庭应用还是企业应用，光纤到房屋（FTTP）和无源光网络（PON）被寄予厚望。

因此，提供高速数据传输的光解决方案主要依靠光纤。但是，对于有些应用来说，光纤并不是一个合适的解决方案，如在没有光纤的地方，或者特殊的地形不适合光纤铺设，或者短期内需要高速数据传输但是投资光纤并不划算的场合。在这种情况下，有两种解决方案：射频（RF）直接链路，在较短距离上可提供几兆比特每秒的数据；或者 RF 卫星链路，在较长距离上可提供几兆比特每秒的数据，不过需通过卫星转发。但是，RF 方案取决于可允许使用的频谱，而频谱资源正越来越多地被新的无线业务所占用。

一个不同的解决方案是自由空间光通信（FSO）技术，也被称为无线光通信，或户外光通信。FSO 借助现有的技术、器件（激光器、检测器和光学器件）和协议（以太网、同步网络/同步数字体系（SONET/SDH）和异步转移模式（ATM）），可以很迅速地在几千米的距离内建立吉比特每秒数据的直视光传输链路，通过链路级联还可以将距离扩展到十几千米。这样，FSO 技术能够迅速地将高速数据传输到住宅和企业。

严格地说，FSO 这一专业术语是指在大气层（即这里所指的自由空间）之上进行的光通信。实际上，美国航空航天局（NASA）最初发展这项技术是为了调制激光光束，在太空中实现卫星之间的光互联，我很荣幸在贝尔实验室参加了这项工作。不过，通过激光将通信站连接起来的想法也吸引该项技术从陆上军事应用向民用转移。但是在这种情况下，地球的大气层，特别是多变的对流层对于激光光束影响颇多，如大气衰减等，因此用"户外光通信"能更好描述 FSO，然而，根据惯例在本书还是采用一般意义上的 FSO 这一专业术语。

但是什么是 FSO？设想一下你拥有一个激光指示器，并且瞄准一个光检测器所在的位置，光检测器感应到激光指示器的光并产生稳定的电信号输出。这就是一个激光链路，只不过缺少信息。现在，设想你按照莫尔斯（Morse）码或美国信息交换标准代码（ASCII）码的规则将激光器打开或关断，实现对光束的调制。这时光检测器会产生和调制信号相符的电信号输出。现在，这条链路就承载了信息。再继续往下想，光束以数百万次每秒或数亿次每秒速度被快速调制。如果光束承载的脉冲有足够能量，光检测器就会产生电脉冲信号输出，那么你就以兆比特每秒或吉比特每秒数据速率，建立了一个令人印象深刻的 FSO 通信链路。更进一步假设，你拥有多个激光指示器，每一个指示器的光束颜色不同且独立承载信息，所有这些光束都被复用成一束光进行传输。在接收端，这束光被解复用至各个独立的光检测器。你正在构建的就是下一代波分复用 FSO（WDM–FSO）链路。

建造 FSO 链路有多容易呢？显然，为了说明它的工作原理，上述例子简化了 FSO 技术。实际上，FSO 系统在成为商用之前还有很多问题需要解决。例如，如果激光器和光检测器之间有几千米远时，怎样才能使得甚至比 $1cm^2$ 还小的光束能够高精度地对准目标检测器呢？相反地，如果激光光束稍微发散，经过几千米传输后光束将有几米宽，那么有多少能量能够被微小的光检测器接收呢？接收到的光能量是否足够产生电脉冲输出呢？为了建立一个可靠的商用级 FSO 链路，还有很多问题要解决。

　　此外，如果 FSO 与无线技术和协议融合，如全球微波互联接入（WiMAX）、WiFi 或蜂窝技术，它也能提供移动服务。因些，FSO 至少有三方面可期待的特性：快速部署、超高数据速率以及终端机动性。

　　本书分析 FSO 链路和 WDM－FSO 链路所涉及的技术；分析影响光束传输的大气现象，实际应用的 FSO 网络拓扑，如点到点、环形网到网状网及每一种拓扑的相关问题；分析 FSO 节点的设计复杂度、流量、故障保护及 FSO 能够支持的服务类型；分析 FSO 技术及网络安全问题。

　　本书分析 FSO 技术的优缺点、FSO 节点设计所需的器件、FSO 保护策略和网络可靠性；为了服务的可移植、无线自组织（ad－hoc）网络和端用户的可移动，还将分析 FSO 与无线及蜂窝技术的融合。

　　FSO 技术仍在发展，因而希望本书能点燃读者的兴趣，激发想象，引出问题，将 FSO 技术提升至更智能的下一代网络。祝阅读愉快！

Stamatios V. Kartalopoulos

致　谢

　　感谢我的妻子安尼塔（Anita）、儿子比尔（Bill）和女儿斯塔芬妮（Stephonie），感谢他们长期的支持、对我的耐心和鼓励。感谢本书的出版社和编辑提供的合作、投入的热情和策划管理。感谢匿名的评阅人有益的指点和建设性的批评。同时感谢为本书付出辛勤工作的人们。

　　作者是 Stamatios V. Kartalopoulos 博士，美国俄克拉何马州塔尔萨大学威廉姆斯讲座教授，研究方向包括 FSO、PON 和 FTTH 光通信网络、光网络安全、量子密钥分发和量子网络等。

　　作者曾在贝尔实验室工作，负责组建、领导和管理 SONET/SDH、WDM、ATM 及接入系统研发团队，因此获总经理奖。

　　作者拥有 19 项通信网络专利，出版 9 部专著，发表 200 多篇学术论文，《网络安全》一书获 2009 年度杰出学术荣誉选择奖，2005 年发表的《PON 网络》一文获 2005—2010 年期间高引用论文。

　　作者是美国电子电气工程师协会（IEEE）及朗讯科技杰出讲师，为全球的大学、NASA、会议及企业作过演讲，多次在国际学术会议上做主题演讲、担任执行委员、主持分会、组织论坛。

　　作者担任 IEEE 会士（Fellow）、IEEE 通信与信息安全技术委员会（CIS TC）发起人与前主席、IEEE Press 主编、IEEE 通信杂志与光通信地区编委等职务。

目　录

第 0 章　引言

第 1 章　非导引介质中的光波传播

第2章　FSO收发机设计

第3章 点到点 FSO 系统

第4章 环形自由空间光通信系统

第5章 网状自由空间光通信系统

第6章 波分复用网状自由空间光通信

第7章　网状自由空间光通信与公网的综合

第8章 FSO 网络安全

第9章 自由空间光通信的特殊应用

引言

0.1 概述

光通信是一项技术，能以"光的速度"通过光学透明介质，在每秒钟内传递前所未有的信息量。在一种简易通信形式中，光用作信息传递的工具已有千年历史，最早的书面证据参考特洛伊时期（公元前 1200 年）悲剧作家埃斯库罗斯的舞台剧《阿伽门农》：

> ……于是我正在等待信号火炬，
>
> 那火焰。
>
> 传来了特洛伊的消息，
>
> 其沦陷的消息……

如今，这种光通信链路被称为"阿伽门农链路"，它们采用了类似的工作方法并且通过在网络的每个节点使用随时间变化的密码增加了安全性，所谓的网络节点实际上是设置在山岗或高山顶上的光塔。一种加密方法是军事科学家艾尼阿斯（公元前 4 世纪）基于"漏桶"或"漏壶"原理发明的，每个节点根据漏瓷罐的水位改变密钥。另一种加密方法是在每个节点，使用几个火炬对光信号编码，其中一种编码方式，首先由 Cleoxenos 和 Demokleitos 发明，后来由波利比奥斯（公元前 203 年—公元前 120 年）完善[1]。如今，这种编码方式被称为波利比奥斯方格。

同样，当需要在一片水域，如陆地到船或船到船，建立光通信链路时，编码信息的传递可借助太阳光或火炬和磨亮的盾牌。在古希腊盾牌由青铜制成，大部分都打磨得光亮。

以上所述的古代光通信技术是借助于光在大气中传递。当今，为了能在大气层，尤其是对流层中进行通信，人们使用了激光器、探测器和其他光学与电学器件，其中激光器产生光束窄、颜色单一的光，探测器探测激光器发出的光。为了与另一种采用了类似或相同的器件，但光在光纤中传输的光通信技术区别，人们称其为自由空间光通信（FSO）技术[2,3]。

0.2 光纤网络与最后/最初 1 英里瓶颈

今天，微电子和电光器件的不断进步已将昨日的科学幻想变成今日的现实。就介质中数据传输的速度而言，尽管光速没有引起数据量的改变，但是每比特的时间单位变化导致了信息量的惊人变化，这可从数字 1 后面跟了许多 0 看出，从 1 000 000 变到 1 000 000 000，即对应兆比特每秒到吉比特每秒。换个角度看，传输 1Gb/s 的数据意味着 1s 内传输 1Gb 文件，或等价于 1s 传输 24 部典型大英百科全书的所有内容。这种巨大的进步得益于激光器、超快调制器、超灵敏的探测器、全光放大器、光开关、超快电子器件、超纯净光纤等的进步，满足了纤维（光纤）预期的性能和成本要求。结果，大约 20 年时间，光纤通信已经成为骨干网络唯一可选择的技术（纤维或光纤已经 100% 取代了铜或铜线）。然而，在接入网络中，如果考虑初期投资和维护与收益的关系，不能持相同的论断，结果是骨干网络传输的潜在数据量是能够到达全部用户数据量的几倍，这就产生了所谓的最后/最初 1 英里瓶颈。

仅几年的时间，互联网呈现出爆炸式发展，新的业务已由互联网提供。传统的电信网支持新的集成业务，无线数据技术、移动和半移动技术也已引入新的业务，这些进一步加剧了"瓶颈"。

为了克服瓶颈，传输更多的信息到终端用户，人们做了两方面的努力。一是基于现有铜线环路的数字用户环路（DSL），另一个是基于现代光通信网络的 FTTP[4,5]。

（1）DSL 是一项近 20 年来开发的数字传输技术，利用环路上的铜双绞线（TP），从中心办公室（CO）向端用户传输数据，根据传输距离的远近可传输的数据速率达几兆比特每秒。

（2）FTTP 是一项光传输技术，利用单模光纤（SMF）连接 CO 和与之相邻的光线路终端（OLT），再利用 SMF 或多模光纤（MMF）连接到房屋（住所）处的光网络终端（ONT）。FTTP 可以利用有源或无源光器件构建网络，如果采用无源光器件构成网络，就被称为无源光网络（PON）。FTTP 的数据传输速率和距离都优于 DSL，能够满足目前用户对现有业务和未来用户对高数据速率或超宽带（UBB）新业务的需求。这些新业务是高清双向互动视频、超高速数据（快速以太网的互动视频、话音和数据）以及传统的话音、音频（音乐）业务。

0.3　另一种接入技术

目前，光通信技术已成功满足了所有预期，并且可以预见在未来的若干年内不会被其他技术取代。然而，当一些特殊应用需要快速提供超高速数据业务时，要么没有预敷设的光纤，要么没有充足的光纤基础设施。在这种情况下，另一项光通信技术能快速满足要求，这项技术就是自由空间光通信，如图 0.1 所示。

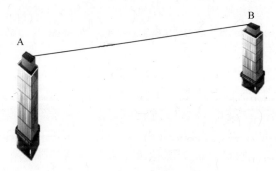

图 0.1　点到点的 FSO 链路

FSO 是一项户外无线通信技术，每一通道能提供超过 1Gb/s 的数据速率，如采用波分复用（WDM）技术，每一通道能提供超过 10Gb/s 的数据速率，甚至 50Gb/s 或 120Gb/s。大多数情况下，一条通道建立在高大建筑物的屋顶与屋顶、窗户与窗户之间，有时 FSO 节点安装在高高的杆上。尽管这么高的速率对住户好像高了，但未来应用有潜在的高带宽要求，其典型应用之一是三维高清视频。

FSO 采用调制的激光束作为发射机，灵敏的光检测器作为接收机，一束激光照射（视线范围（LoS）内无遮挡的）探测器就构成了一个简单的通信通道，2 个激光器与 2 个探测器组成的收发机构成了双向、双工的 FSO 通道。由于激光束波长在微米范围，不在传统的无线电磁频谱（米到毫米）范围，因而无须 FCC 或市政许可审批。因而，FSO 通道或 FSO 网络可以快速建立并投入使用，与光纤网络需要几年时间相比，只需几天的时间。如果考虑为了获得道路许可（个人、市政、企业）的时间、成本和劳动密集型的光纤部署和布放，FSO 成本与光纤的成本相比是非常低的。

目前，FSO 的数据速率在兆比特每秒到吉比特每秒范围，甚至到 10Gb/s，传输距离几百米到几千米。典型的传输信号是标准的主流协议，如 SONET/SDH，T1（1.544Mb/s）或 E1（2.048Mb/s），E3/DS3，10/100/1000 以及快速以太网。这些速率的主要应用如下：

（1）最后/最初 1 英里连接到接入网。

（2）校园或城域的 LAN 到 LAN（局域网）互连（1Gb/s）。

（3）移动基站到网络的连接。

（4）应急通信网络布署。

（5）容灾网络应用。

（5）应急的或半永久的网络布署。

（6）星间通信。

（7）星与地面站之间通信。

（8）移动与固定站之间通信。

（9）深空通信[6,7]。

另一种可能的应用是用于定位在空中一定高度（20～30km）的平台，这些平台通过 FSO 通道与深空平台建立通信，这得益于二者之间没有云、对流层对激光束产生干扰。

然而，激光束通过大气层，大多数情况下通过大气层底层传输，大气层底层也称为对流层。与稳定的光纤介质不同，对流层、大气层是随时间变化的不稳定介质，因而在设计 FSO 通道时应对其物理成分、化学特性、变化参数进行深刻理解并加以考虑，以便 FSO 通道以希望的性能和效率工作。

FSO 需要 LoS 内无遮挡，而无线技术不需要。这是因为射频（RF）电磁波可能通过墙体，绕过角落。正因如此，RF 波用于户外移动通信，在移动的收发器与另一个移动的收发器或固定收发器之间通信。这种可移动性、无须连线的自由是其最大的优势。然而，它的主要缺点是低比特率距离积（比特率×距离），比特率是几千比特每秒，最大距离是几千米，如需更高的比特率，用户与固定天线之间的距离就要缩短。与低的比特率距离积相比，FSO 的比特率距离积是其几个数量级。FSO 的传输距离是数十千米，比特率是数兆比特每秒。

然而，FSO 和无线移动通信技术可相互补充，FSO 可以传递超高带宽信息到缺少移动性的用户，无线通信给在一定范围内移动的用户传递低带宽的信息，如果采用安全有效的传输协议的话，同样可传递给无线移动的用户，如表0.1所列。

表 0.1　FSO 与无线移动

	带宽	链路长度	移动性
FSO	大	长	无
无线移动	小	短	受高度限制

例如，如果光纤网络还没有建成，考虑 FSO 和全球微波互联接入（WiMAX）结合是合乎逻辑的，这可以最大限度地利用各自的优势。一旦有了光纤网络，FTTP 和 WiMAX 结合，可在 30km 无中继情况下，为用户传输数十吉比特每秒的信息。FSO 和 WiMAX 结合，FSO 将信息传输到接入区域（在多层大楼附近），无线技术传递高速率的数据给在几千米范围内成千上万的移动用户，如图0.2所示。由于 FSO 和光纤骨干网采用的是同样的技术，因而二者都会出现在采用标准和主流协议的下一代全光现代网络视野内。

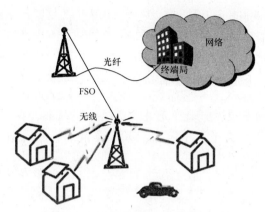

图 0.2　与无线终端用户连接的 FSO

　　因此，FSO 收发机是如何工作的？大气现象是如何影响光传输的？采用哪类"光"？它是如何保证安全？如果有严重的大气现象会发生什么？采用 FSO 收发机，如何构建网络、构建什么类型的网络？这里简要地，尽量给出快速回答，而本书其余各章将给出更详细的回答。

0.4　FSO 工作波长

　　现有的 FSO 收发机系统都是双向通道，根据它们采用的波长不同分为两类系统：工作于 $800 \sim 900 \text{nm}$ 波长的系统和工作于 1310nm 或 1550nm 波长的系统。前者使用垂直腔面发射激光器（VCSEL）激光技术，其低价格和低发光功率非常适合低速率（Mb/s）、短距离的应用，后者采用改进型 VCSEL 或分布反馈（DFB）激光器，其发光功率强（典型值为 -8dBm，$1 \text{dBm} = 10 \lg \dfrac{P}{1 \text{mw}}$）。当然，考虑到对人眼的安生性和降低太阳背景辐射，通信定义了光功率限制和工作波长（保证了兼容性和可互操作性）。FSO 技术采用标准的电信激光器，因而发光功率低，没有需考虑的安全事项。

　　接收机中采用的光检测器是雪崩二极管（APD），其灵敏度典型值为 -40dBm。由光纤通信可知，APD 的灵敏度很大程度上取决于照射其上的光波长和数据速率。例如，1550nm 光照射 APD，其灵敏度受传输数据速度不同的限制，2.5Gb/s 对应 -29dBm，1GbE（实际为 1.25Gb/s）对应 -33dBm，$\text{OC} - 3$（155Mb/s）对应 -43dBm。

　　关于 FSO 通信的太阳背景辐射（SBR）干扰，对于收发机面向东或西放置，尤其是太阳升起或落下地平线时，SBR 的严重性需考虑。SBR 约 -6000K，因此在许多应用中无须考虑。此外，对于 1550nm 的系统，由于长波长光滤波器的使用，1300nm 以下波长，可见光（近似在 400（紫光）~ 700（红光）nm 范围），紫外线（UV，小于400nm）被滤除。因此SBR可以通过巧妙封闭遮挡、滤波的设计和收发机的位置摆放来消除，离开太阳照射轴线方向几度SBR就大大减少。

在最简单配置情况下，设想激光发出波长为300～1600nm的细光束，调制的数据速率为1Gb/s，光束直接到达位于几百米至2km处的光检测器。当光束到达检测器时有两点应观察到。一是接收机上光束十字线的直径远大于发射机处的直径，导致了光束空间发散，原来细光束的直径小于1mm，在接收处达到了1m或2m，引起了单位面积（每平方单位）上光功率按照离开发射机距离的平方规律减少。二是光检测器的面积是非常小的，几平方毫米，而照射在探测器上的光束达几平方米，因而检测器只接收了很少的光功率，对照射在其上的几个光子不灵敏，因而需要大口径的望远镜将更多的光子聚焦在光检测器上。

此外，波长大于1400nm的激光束能被透镜、人眼的角膜吸收，因此不存在损伤性的聚焦光斑损坏视网膜。波长大于1400nm激光器发射激光的强度有可能比波长短的激光器高50倍，1550nm的激光器光功率比800nm的激光器强50倍，但对人眼具有同样的安全性，这对通道的线路工程、带宽和功率预算是非常有益的。更有甚者，1550nm波长更易穿过玻璃板（小的插入损耗），这对建立窗户到窗户、窗户到屋顶的FSO通道非常适合。在特殊应用场合，如果满足LoS，建立窗户到窗户的FSO通道会更加优先。

0.5 发射机与接收机通道

FSO系统可以设计工作在各种气候环境，如衰减、雾、霾、雨、雪及温度变化。总体而论，在霾、薄雾情况下，长波长（1550nm）系统比短波长（800nm）系统更有优势，而在浓雾、重霾情况下则另当别论。然而，1550nm系统17dB的功率富余量对雾或大气的其他衰减机理有更深的穿透能力。

以上功率富余是由工作波长带来的。除了这一点外，光探测器的作用是相当重要的。探测器的类型和配套的光学器件对增强探测效果起到了重要作用，FSO的探测器是P-本征半导体-N（PIN）或雪崩二极管（APD）器件。

（1）PIN二极管是由P型半导体材料、N型掺杂半导体材料和夹在二者之间的本征半导体（轻掺杂）构成的。当PIN反向偏置时，它内部电阻几乎无穷大（相当于开路电路），它的输出电流正比于输入的光功率。当光子进入本征区会产生电子空穴对，PIN输出电流脉冲，脉冲具有一定持续时间且形状取决于PIN器件的R-C时间常数（$\tau = RC$）。PIN反向偏置时的结电容限制了PIN的响应（开关速度），低比特率（小于吉比特每秒）时，PIN的寄生电感可以忽略，但当比特率高时，寄生电感的影响变得严重，会产生"散弹噪声"。

（2）雪崩二极管是双夹层的半导体器件，上面是N型掺杂半导体和重掺杂的P型半导体，工作原理等效于光电倍增管。在结区，电荷迁移（电子来自N

区、空穴来自 P 区）形成了耗尽区和电荷分布，并且在 P 层方向建立了电场。当没有光照射，APD 反向偏置时，由于电子的热运动会产生"暗电流"，这一电流为噪声。APD 反向偏置，当有光照射时，光子到达 P 层会产生电子 – 空穴对。由于 APD 结区的强场，电子空穴对加速通过结区，当电子获得足够的能量会产生二次电子空穴对，依次产生更多，因此，雪崩过程发生（这也是其名称的由来），大量的电流就会由最初的几个光子产生出来。尽管 PIN 价格低，但 APD 器件比 PIN 灵敏 4 倍多。

与接收机相关的光学器件同样是重要的，大口径的透镜收集更多的光子并聚焦到光检测器上，同时通过平均的方法减少由于太阳辐射引起的大气扰动和能够引起动态微温变化的自由对流。因此，在光束传输路径上，空气的折射率会随时间和空间位置变化，这种现象被称作闪烁。闪烁现象类似于看见远距离光一闪一闪的，FSO 传输中的闪烁会引起接收机信号功率的变化，导致突发错误，误码率受信噪比（SNR）的动态变化明显增加。大口径的接收透镜收集大的光束面积上更多的光子，并且对信号功率动态平均，因此，为了获得大功率、防止激光器故障和最小化闪烁效应，一些制造商生产的 FSO 发射机包括多个激光器。

然而，仅有性能优越的发射机和接收机仍是不够的，只有当发射光束保持连续不断地对准探测器，像对准目标的十字光标一样，FSO 通道才能有效工作，也就是说发射机和接收机通道的对准是非常重要的。光束中心总是一直照射在探测器上，即使在发射机或接收机由于强风来回摆动几米（高大的建筑物会摆动几米）的情况下，这意味着发射机和接收机为了一直完全对准需要自动跟踪机制。显然，当自动跟踪失效、发射机或接收机摆动 1m 甚至对准完全破坏，FSO 通道将不工作。

0.6　大气层

大气层，尤其是对流层是 FSO 激光束传输的介质，大气介质是不稳定的介质，其化学组成、温度、湿度、压力随时都在变化，空气沿着光束传输的路径随时运动。雨、雾、霾、雪以及其他的气候条件对光束和通信信号有不利的影响。

例如，极端的温度变化可能会中断 FSO 通道工作，户外的 FSO 收发机箱（屋）受高温和低温以及可能的结霜影响，光电器件的典型工作温度是 – 30 ~ 60℃（内置除霜装置）。

（1）由于潮湿和低温机箱上会结霜。在这种情况下推荐经过精心设计、防水和自动加热机箱。在极高温时，为了让光电器件工作在厂方要求的工作温度，自动制冷机箱是要求的。自动温度控制机箱可以保证光电器件工作在合适的温湿度范围，从而延长器件的工作寿命。

（2）浓雾和大雪可能中断 FSO 通道工作。通信通道长时间性能下降是不能被接受的。尽管对于恶劣的气候条件存在性能下降，但自动 RF 备份是一好的保护策略，能保证通道工作。然而，通信的安全性必须考虑，因为在这种情况下，几米的 RF 波束是替代光束（约 2m）的 20 倍甚至更大。

（3）工程上考虑 FSO 通道的发射功率、传输光束宽度、接收机灵敏度、接收光学器件和对准策略，并平衡这些因素，将大气环境引起的平均性能下降时间降至最小。工程上同样考虑器件失效前的平均寿命时间或失效前的平均时间（MTBF），以便对由于器件性能下降（老化）而引起的通道失效作出预测。每一个器件的典型 MTBF 可由厂家提供。

总之，FSO 是一项光通信技术，与光纤通信相比，优势在于其可以快速布署、采用标准的电信光通信器件、低价格和低维护成本。然而，缺点是易受大气条件影响，要求机箱的设计必须保证让发射机工作在厂商推荐的温度、湿度和功率。此外，要求严格的对准和自动跟踪以保持连续的无遮挡。

同样，FSO 与无线技术相比，可传送高带宽的业务到固定用户且传输距离相对较长，而移动无线技术传送低带宽业务到移动用户，如采用传输协议则传输距离长，不采用传输协议则传输距离受限。

从用户的角度，最好是将 FSO 技术的优势进行量化，如果电话拨号技术的归一化价格（每月的价格/数据速率）为 1.00 个单位，则电缆调制器技术约为 0.10 个单位，而 FSO 为 0.01 个单位（FTTP 技术没有足够的数据）。

接下来的各章，将详细介绍 FSO 的器件、传输介质、网络拓扑、业务、保护、应用、工程以及安全性等。

参 考 文 献

1. S.V. Kartalopoulos, *Security of Information and Communication Networks*, IEEE/Wiley, 2009.

2. S.V. Kartalopoulos, *DWDM: Networks, Devices and Technology*, IEEE/Wiley, 2003.

3. S.V. Kartalopoulos, *Introduction to DWDM Technology: Data in a Rainbow*, IEEE/Wiley, 2000.

4. S.V. Kartalopoulos, *Next Generation Intelligent Optical Networks*: From Access to Backbone, Springer, 2008.

5. S.V. Kartalopoulos, "Next Generation Hierarchical CWDM/TDM-PON network with Scalable Bandwidth Deliverability to the Premises," *Optical Systems and Networks*, vol. 2, 2005, pp. 164–175, also online at http://www.sciencedirect.com

6. H. Hemmati, K. Wilson, M. Sue, D. Rascoe, F. Lansing, M. Wilhelm, L. Harcke, and C. Chen, "Comparative Study of Optical and RF Communication Systems for a Mars Mission, Part 1", Proc. SPIE, vol. 2669, Free-Space Laser Communication Technologies VIII, April, 1996.

7. H. Hemmati, J. Layland, J. Lesh, K. Wilson, M. Sue, D. Rascoe, F. Lansing, M. Wilhelm, L. Harcke, C. Chen, and Y. Feria, "Comparative Study of Optical and RF Communication Systems for a Mars Mission, Part 2", Proc. SPIE vol. 2990, Free-Space Laser Communication Technologies IX, May, 1997.

第1章

非导引介质中的光波传播

1.1 绪 论

FSO 广泛应用于电信业。在陆地上，FSO 技术使用远红外调制光束，在大气层特别是对流层中传输信息。在空间中，可用光束建立卫星间链路（ISL），因此天空中的一群卫星可形成一个网络[1]；在此情况下，构成这个网络节点的卫星既可包括同步卫星（GS），又可包括低轨卫星（LEOS）。

无论是在对流层中传播或是在空间中传播，每种应用都有一系列不同的问题[2]。空间信息传输的距离非常遥远，卫星接收机可能对着太阳，也可能不对着太阳，而对流层介质不均匀，也不稳定。第三种应用涉及一个静止的 FSO 节点与一个运动的 FSO 节点之间的通信，更会带来额外的跟踪问题。因此，FSO 工程需要跨学科的专家，使得最终的 FSO 网络，能在所有或大部分的环境条件下以一种有益的方式，提供可靠且能达到预期性能的高速率数据链路。光束及其传输的介质是构成 FSO 网络的两个重要的独立实体。

1.2 光束特性

1.2.1 波长

FSO 链路中使用的光束波长可为 800nm、1310nm 或 1550nm。这三者中最常使用的是 1550nm，原因如下：

（1）800nm 的光束是由价格低廉的垂直腔面发射激光器（VCSEL）技术产生的，然而产生的光束功率低，因此光束只能被调制在很低的速率，最高为 100Mb/s，链路长度只有几百米。

（2）经常使用的是 1310nm 光束，因为该波长由分布反馈（DFB）激光器和法布里－珀罗激光器产生，这种类型的激光器产生的功率比 VCSEL 更高，因此速率也更高且传输的距离也更长。

（3）最常用的是 1550nm 光束，因为它的功率更高，速率可达吉比特每秒，传输链路更长，且光束能使用波分复用（WDM）技术[3,4]，即在 1520~1570nm 范围内符合国际电信联盟 – 技术（ITU – T）标准[5-8]的一些波长均可使用，此时总的数据速率是光束中不同的光通道数乘以每个光通道的数据速率。在一些 WDM 应用中，1310nm 与 1550nm 一起复用，能提供两个通道的 WDM 光束，这样可用于不需要很高速率的情况。此外，1310nm 和 1550nm 通道之间有大的通道间隔是十分有利的，方便了接收机滤波器的设计。更有甚者，接收机的长波长光滤波器会滤除大部分低于 1310nm 的波长，这样极大地降低了太阳背景辐射干扰。太阳光球层发出的是宽谱电磁辐射，其中心波长为 500nm（可见光谱为 400~700nm），平均温度超过 5500°C。太阳辐射也包括无线电、紫外线（UV）、X – 射线和 γ 射线波段。

1.2.2 光束剖面和模式

当器件发出光束时，在光束的横截面上的强度分布并不相同，但经常有一个分布。如果分布是高斯的，该光束也称为"高斯"光束。

光束的横截剖面非常重要，通常认为是有 360°的均匀高斯分布的圆形。典型地，激光器辐射的光束有完美的高斯分布，运行于基横电模式，即"TEM_{00} 模"，见图 1.1。

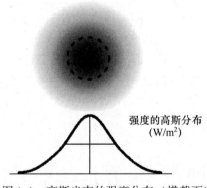

强度的高斯分布
(W/m²)

图 1.1 高斯光束的强度分布（横截面）

一般地，光束的剖面分析很复杂，常用厄密 – 高斯方程描述光束模式，叫作"TEM_{mn}"，其中 m 和 n 分别是 x 和 y 方向多项式的系数。当 $m = n = 0$ 时，有着完美的高斯分布，即为 TEM_{00}。然而，一些激光并不是均匀分布的，它们运行于不同的模式，见图 1.2。

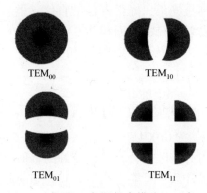

图 1.2　厄密 - 高斯光束模式（近似）

1.2.3　光束发散角

此外，光束横截面的非均匀特性，即光束并不是完美平行于 z 方向（即传播方向）。由于空间衍射，即使发出的光束是平行的，传播后也不能总保持平行。空间衍射使得光束到达了第一个狭窄部分，此处被称为光束的"光腰" w_0，此时发散角为 θ，见图 1.3。

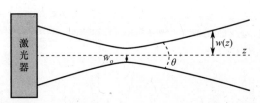

图 1.3　发散光束参数：w_0 是光束腰宽 $w^3(z)$，焦距；θ 是角扩展度（光腰的发散角）

沿 z 方向传播且横截面上光强呈高斯分布的激光束，可用公式描述为

$$E(r) = E \cdot [w_0/w(z)] \cdot \exp[-r^2/w^2(z)] \cdot \exp[-jkz - jk(r^2/2R(z)) + j\arctan(z/z_0)] \tag{1.1}$$

式中：E 为电场强度；w_0 为相位为常数时的最小光腰；$w(z)$ 为在距离 z 处的光腰；r 为在 z 处的光腰半径；k 为光波数，$k \approx 2\pi/\lambda$；$R(z)$ 为在距离 z 处的光波曲率半径；z_0 为当光束扩展为 $\sqrt{2w_0}$ 时的瑞利长度。[①]

几何扩散是指光束传输一定距离后，发散后的直径超过了原光束横截面的直径，这种情况会使光束的光功率强度快速下降，称为几何扩散损耗。在激光器的输出孔径处，光束的横截面直径为 1mm 或小于 1mm，传输几千米的距离后，光束经几何扩散后的直径将有几米。如发散可忽略不计，或沿传播 z 轴方向的半径

---

① 原文中，w 和 z 的下标有时是小写英文字母 o，但有时又是阿拉伯数字 0，现本书统一为阿拉伯数字 0。——译者注

几乎为常数的光束称为准直光束,光学器件准直仪(器)可以获得这样的光束。

对于典型的光束,发射孔径的表面积为 SA_T,在距离 R 处的接收孔径的表面积为 SA_R,常数发散角为 θ,假设光束横截面的功率分布不变,则几何扩散损耗(GSL)可由下式估算:

$$\text{GSL} = \frac{\text{接收孔径的表面积}}{\text{距离 } R \text{ 处的光束表面积}} = \frac{SA_R}{SA_T + (\pi/4)(\theta R)^2} \tag{1.2}$$

式中: SA_T 和 SA_R 的典型值为 $0.004 \sim 0.025 m^2$;发散角 θ 的典型值为 $1 \sim 3$ mrad。

针对理想光束,上述的扩散损耗是一个较好的近似。然而,实际的光束在横截面上的功率分布并不是常数,可能是高斯分布。如前所述,光束不是完美的二次曲线,它们可能有光腰半径为 W_0 的光斑,在光腰后它们的发散角几乎是一个常数。在计算方面,有时可能会用到半幅全宽(FWHM),该值由制造厂家提供,FWHM 即 50% 中心强度处的宽度,按此定义光腰为 $0.59\omega_0$。

此外,实际的光束横面和强度分布可能既不是圆形,也不是高斯分布,如图 1.4 所示。由于不规则的功率分布和不规则的发散角,非圆横面的光束降低了其与光纤和 FSO 接收机的耦合效率。对于非高斯剖面,可用积分公式计算光腰和半径。

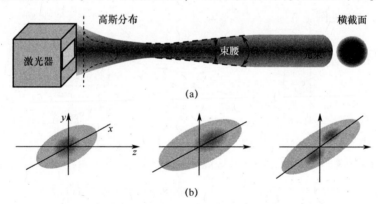

图 1.4 圆横截面高斯分布与非高斯不规则功率分布

对波长为 λ、在距离光源 z 处的最佳光腰 $w_{0,\text{optimum}}$ 可定义为

$$w_{0,\text{optimum}} = (\lambda z/\pi)^{1/2} \tag{1.3}$$

类似地,半径扩散到 $\sqrt{2}$ 倍时的距离称为瑞利长度 Z_R,可定义为

$$Z_R = \pi W_0^2/\lambda \tag{1.4}$$

光束参数积(BPP)是光束质量的量度,反映了与理想高斯光束的相似程度。BPP 是光束的光腰半径 W_0 和远场发散角的乘积。波长相同时,光束偏离高斯光束可由因子 M^2 来表示,对同样的波长,这个因子就是实际光束的 BPP 与理想光束的 BPP 的比值。

例如,完美的高斯光束 M^2 的值为 $M^2 = 1$,氦氖光束非常接近于高斯,所以

$M^2 < 1.1$，二极管激光器光束的 M^2 值位于 $1.1 \sim 1.7$ 范围。

最后，当发散光束通过透镜系统校正成平行光束，则该透镜系统就称为准直器，此时的光束即为准直光束。

1.2.4　瑞利长度

光束面积变为 2 倍于光腰处的光束面积时，此处到光腰处的距离，称为瑞利长度或瑞利范围；实际上在瑞利长度处，光束半径也增大到 $\sqrt{2}$ 倍。

对高斯光束，瑞利长度 Z_R 是由光腰半径 W_0 和波长 λ 决定的（假设光束的发散角在一定范围内）：

$$Z_R = (\pi W_0^2)/\lambda \tag{1.5}$$

式中：波长 λ 为真空中的波长除以光束在其中传输的介质的折射率 n。对于非高斯横截面，随着光束因子 M^2 的减小，瑞利长度也会减小。在任何情况下，Z_R 都依赖于波长 λ。瑞利长度的 2 倍被称为共焦参数 b[9-11]。

在自由空间中传播的高斯光束，在距离为 z 处的光束横截面或光斑尺寸是 $W(z)$，可由光腰和瑞利长度来表示：

$$W(z) = W_0\sqrt{1 + \left(z/Z_R\right)^2} \tag{1.6}$$

式中：z 轴的原点接近于光腰处。

类似地，在瑞利长度 Z_R 处的光束宽度为 $W_0\sqrt{2}$，共焦参数 b 为

$$b = 2Z_R = (2\pi W_0^2)/\lambda \tag{1.7}$$

对于远大于瑞利距离的地方，即 $z \gg Z_R$，发散角近似为

$$\theta \approx \lambda/(\pi W_0) \tag{1.8}$$

光束总的角扩展为

$$\Theta = 2\theta \tag{1.9}$$

由于这是近似，使得高斯光束模型的光腰大于 $2\lambda/\pi$。

几何学中，光束的发散或扩展是由光束的半径引起的，与到光腰的距离有关。在接收机处，光束的发散有着重要的影响：随着光束的传播，光束横截面上每平方单位（即单位面积）上的光功率快速降低，由于接收光电检测器的检测面积较小，只有 1cm^2 的一小部分或几平方毫米，因此光电检测器接收到的光功率很小，激光束的其余功率都会侧漏，见图 1.5。

随着光束的传播，光束持续扩散，所以从接收机的位置来看，几何扩展等于功率衰减，从而，几何扩散衰减（GAS）依赖于光束发散（角）和链路长度，其定义为

$$\text{GSA} = 接收孔径/接收机处光束的横截面$$

一般首选发散小的光束，因为发散大时需要复杂的无球面像差的光透镜。

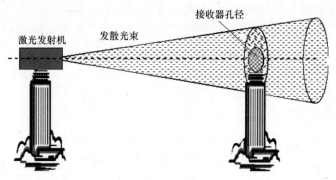

图 1.5 激光束侧漏

1.2.5 近场和远场分布

激光器产生的光束并不是完美的窄束或圆柱形或圆形的,x 轴的近似高斯分布与 y 轴的分布也不相同。此外,边缘或激光器输出面(称为光源孔径)处的光束强度分布与离开一定距离处的强度分布并不相同。距离光源孔径近的强度分布称为近场,离光源孔径远距离处的强度分布称为远场,看上去仍然几乎没有变化,见图 1.6。

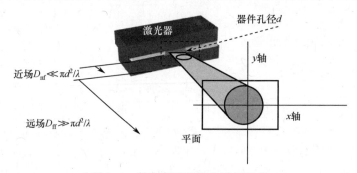

图 1.6 激光束的近场和远场定义

在近场区域,光线表现的是失调相位波前。这个区域也被称为菲涅耳域。在远场区域,波前已变得有序,光束传播特性也已稳定。这个区域也被称为夫琅和费域。因为术语"近"和"远"有主观意愿,因此应使用客观度量来区分这两个区域。近场距离 D_{nf} 和远场距离 D_{ff},都可用光源孔径(边缘处的光波导面积)和激光波长来表达,即

$$D_{ff} \gg \pi d^2 / \lambda \tag{1.10}$$

以及

$$D_{nf} \ll \pi d^2 / \lambda \tag{1.11}$$

激光束的这两个参数哪个更适合可由光设计要求决定。对单色光,如果设计时考虑了聚焦透镜,远场就会更合适。此外,远场角色散优于近场。从另一方面来看,若需要把激光耦合到激光器附近波导中,则可能近场比较合适。对于产生

发散光束的激光二级管，从输出面到近场只有几微米。如果远场发散角是 θ，近场宽度为 w，给定波长 λ，则光束参数 K 定义为

$$K = 4\lambda/(\pi w\theta) \tag{1.12}$$

有时，也使用类似的参数 M，其定义为 $\sqrt{M} = 1/K$。一般情况下，激光器制造商会提供其生产器件的近场和远场数据。

1.2.6　峰值波长

激光器不可能产生一个完美的单色光束。实际上，它们产生的是一些在窄带频谱范围内的连续波长，有着近似高斯分布。光源中对应最高辐射强度的波长称为峰值波长。峰值两侧的波长扩散用 nm 来度量，如 (1550 ± 2) nm 表示峰值波长为 1550nm，在两侧各有 2nm 的高斯扩散。

单色仪是一个窄带通滤波器件，允许一些很窄的光谱带通过。

1.2.7　相干度

若激光器发出的所有光的波前都是同相的，则可定义此激光束为相干光。当然，这不是绝对的。例如，在简单的干涉实验中：当干扰图案边缘的最小强度和最大强度能清楚地区分，且干扰图案明确，光束就是相干的；当干扰图案模糊时，光束就是非相干的。

相干度（DoC）等于光束中同相的光线比例。例如，在干涉实验中，图案边缘的最小强度和最大强度分别为 $I_{\min}$ 和 $I_{\max}$，相干度就定义为

$$\mathrm{DoC} = (I_{\max} - I_{\min})/(I_{\max} + I_{\min}) \tag{1.13}$$

一般情况下：当相干度大于 0.88 时，可认为是相干的；相干度大于 0.55 且小于 0.88 时为部分相干；若相干度小于 0.5，就可认为是不相干的。

需要注意的是，尽管光源光束刚开始是相干的，但随着光束在非均匀介质中的传输，DoC 也可能会发生变化。若光束传播一定距离后仍是相干（大于 0.88）的，定义这个传播距离的长度为相干长度；与之对应，传播此距离需要的时间称为相干时间。

当两个随时间变化且相互作用的光线相干时，就会产生随时间变化的干涉图案，称为闪烁图案。在 FSO 系统中，实际上会引起闪烁现象[12]。

1.2.8　光度量术语

为了比较两个光源或两个明亮的物体，介绍以下光度量单位。

（1）（总的）光通量 Φ，是点光源在所有方向发射的光能量流率（或每秒光子计数），其单位为 lm。在辐度学术语中，就是光功率，单位为 W。

（2）光（或坎德拉）强度 I，是球表面积等于其半径（数值相等）的立体角

辐射率（例如半径 = 1m，表面积 = 1m²）。发光强度用 cd 来度量。球体的发光强度是 $\Phi/(4\pi)$。

（3）光照度 E，是面积 A（m²）上的光通量强度，或是每单位面积上的光通量，用 lx 度量。球体表面某点处的光照度为 $E = \Phi/(4\pi R^2)$，表示表面接收的光。若球体的发光强度 $I = \Phi/(4\pi)$，则有 $E = I/R^2$。这就是平方反比定律，见图 1.7。

（4）光亮度 B，是单位时间、单位立体角度和单位投影面积上，发光表面发射的光能量。光亮度用 cd/m² 来度量，也被称为尼特（nt）。

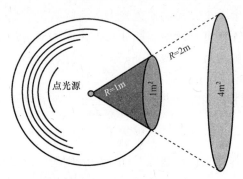

图 1.7　平方反比定律示例

光亮度的一些例子：

晴朗的蓝天：10^4cd/m^2。

太阳光：$1.6 \times 10^9 \text{cd/m}^2$。

蜡烛光：$2 \times 10^6 \text{cd/m}^2$。

荧光灯：10^4cd/m^2。

表 1.1 总结了用于光学和光通信中的光度量单位以及它们的测量单位和量纲（M = 质量，T = 时间，L = 长度）。

表 1.1　光度量单位（M = 质量，T = 时间，L = 长度）

定义	光度测量单位	量纲
能量	光能量（塔尔波特）	ML^2T^{-2}
单位体积能量	光能密度（塔尔波特/m²）	MT^{-2}
单位时间能量	光通量（lm）	ML^2T^{-3}
单位面积通量	光出射度（lm/m² 或朗伯）	MT^{-3}
单位立体角通量	发光强度（lm/sr）	$\text{ML}^2\,\text{T}^{-3}$
单位投影面积上单位立体角通量	光亮度（cd/m²）	MT^{-3}
单位面积上的输入通量	光照度（cd/m²）	MT^{-3}
反射通量与入射通量的比	光反射系数	
透过通量与入射通量的比	光透射系数	
吸收通量与入射通量的比	光吸收系数	

1.2.9　辐射度量术语

类似地，以下定义辐射度量术语：

（1）辐射功率（φ）或光功率是辐射能流率，用 W 度量。

（2）辐射能量（Q）是通过电磁波传递的能量。它是辐射功率的时间积分，用 J 度量。

（3）辐射强度（I）是每单位立体角的辐射功率，用 W/sr 度量。

（4）给定方向上的辐亮度（L），是从该方向观察光源，每单位投影面积上的辐射强度，用 $W/(sr \cdot m^2)$ 度量。

（5）光谱辐亮度（L_λ）是给定波长处单位波长间隔的辐射，用单位立体角内单位面积上单位波长间隔的辐射功率，即 $W/(sr \cdot m^2 \cdot nm)$ 度量。

（6）辐照度（E）或功率密度是辐射入射到表面上单位面积的辐射功率，用 W/m^2 度量。

（7）光谱辐照度（E_λ）是给定波长处单位波长间隔的辐照度，用 $W/(m^2 \cdot nm)$ 度量。

1.2.10　光束功率和强度

在传播轴 z 点处的横截面上，通过半径为 r 的圆孔的光功率 $P(r, z)$ 可由下式计算：

$$P(r,z) = P_0[1 - \exp(-2r^2/w^2(z))] \tag{1.14}$$

式中：P_0 为激光器发射光束的功率，为

$$P_0 = \pi I_0 W_0^2/2 \tag{1.15}$$

其中：I_0 为光束的峰值强度。

对于半径为 $r = w(z)$ 的圆，以上关系式近似可写为

$$P(r,z) = (1 - e^2)P_0 = 0.865P_0 \tag{1.16}$$

因此，若半径为 $r = 1.224w(z)$，则 95% 的光束功率将会通过此圆。

同样，距离光腰 z 处的峰值强度 $I(z)$ 是平均强度的 2 倍，其中平均强度是激光器的总功率除以半径为 $w(z)$ 的面积得到的。

例如：假设激光器发射的激光束功率为 260mW，光斑（光束的横截面）直径为 1.5mm，其剖面服从高斯分布。若发散角为 1.5mrad，在 3m 处的光强或辐照度（光功率/光束横截面面积）约为 9.2mW/mm²。若发散角降低 20%（降至为 1.2mrad），则 3m 处的辐照度约为 12.7mW/mm²，改善了约 40%。这意味着，随着光束发散角的减小，光强呈指数增加，因此上述的激光束可传输较长的距离。

1.2.11　分贝单位

光功率、功率衰减和光损耗都可用 dB 单位来度量。以 dB 为单位的功率定义

为 10 倍的功率（单位为 W）对数（以 10 为底数）：

$$P(dB) = 10lg[P(W)] \tag{1.17}$$

在通信中，发射光信号的功率非常低，是毫瓦量级。需要指出的是，为了表示这一点 dB 换成 dBm，dBm 表示为

$$P(dBm) = 10 lg[P(mW)] = 10 lg[P \times 10^{-3}(W)]$$

表 1.2 给出对数的一些性质，对于涉及 dB 的相关理解起到关键的作用。

表 1.2　对数性质

1.　$lg(AB) = lgA + lgB$；
2.　$lg(A/B) = lgA - lgB$；
3.　$lgA^N = NlgA$；
4.　$lg(Nroot(A)) = (1/N) lgA$；
5.　$lg10 = 1$；
6.　$lg1 = 0$；
7.　$lgA = lge \, lnA$；
8.　$lge = lg(2.71828+) = 0.434294$；
9.　$ln10 = 2.30258+$；
10.　$ln2.71828 = 1$；
11.　$lgA = +lgA, A > 1$；
12.　$lgA = -lg|A|, 0 < A < 1$；
13.　$lg(A + B)$ 不等于 $lgA + lgB$

当多个 dB 和 dBm 进行加减法运算时，一定要注意单位的混合和匹配。若变量相乘，则它们对应的分贝单位就是加性的，因此，若单位处理不正确，可能会造成严重的错误计算。

功率衰减或功率损耗也可用 dB 单位来表示。在这种情况下，功率衰减或损耗是有相同单位的接收功率与发射功率比值的（10 倍）对数，因此该值是无量纲的。光纤跨度上的衰减可用 dB 表示（而无须考虑其功率单位是 W 或是 mW）：

$$\alpha(\lambda) = 10lg \, P_1/P_2(dB) \tag{1.18}$$

例如，功率比值为 1000 时是 30dB，比值为 10 时是 10dB，比值为 3 时是 5dB，比值为 2 时是 3dB，比值为 0.1 时是 -10dB。在未学习 dB 单位前，以 dB 为单位的损耗或增益是很抽象的，随着我们习惯于对损耗和增益用比值来考虑，就能很好地理解 dB 单位，例如，100 倍即相当于 20dB。无论如何，dB 是更加便利的单位，在光通信中应用广泛。

除了 dB，功率损耗也用接收功率与发射功率的比值来表示，如 60% 等。即若发射功率为 100 单位，接收了 60 单位，则损耗为 100 - 60 = 40，其损耗率为 (100 - 60)/100。比值对应的 dB 也很容易计算。例如，90% 的功率损耗对应值为 $10lg((100 - 90)/100) = -10dB$，50% 对应值为 $10lg \, 0.5 = -3dB$，2% 对应值

为 10lg0.98 = -0.01dB。表 1.3 给出了从 dB 损耗转换到百分比（%）损耗和从百分比（%）损耗转换到 dB 损耗的一些值。

表 1.3　从 dB 损耗转换到百分比(%)损耗和从百分比(%)
损耗转化到 dB 损耗

dB 损耗	% 损耗	% 损耗	dB 损耗
0	0	0	0
-0.1	-2.3	-0.5	-0.02
-0.5	-10.9	-1	-0.04
-1	-20.6	-5	-0.22
-2	-36.9	-10	-0.46
-5	-68.4	-40	-2.22
-10	-90.0	-90	-10.00
-20	-99.0	-99	-20.00

通信中广泛应用功率比值的是信噪比，也可用 dB 单位来表示。

1.2.12　激光安全性

光通信中使用的光谱对人眼是不可见的。眼睛对 1550nm 有很高的吸收率，因此一般来讲，直接用眼睛对着已入射激光束的光纤看是非常危险的，这种不可见光也可能达到一定的功率水平或辐照度，从而永久性损伤眼角膜和/或视网膜传感器。一旦视网膜传感器被损害，将不可再生，始终如此。

眼睛的生理机能是这样的，图像被聚焦到约有 1 亿 3000 万个光传感器的视网膜上。视网膜上分布着视杆视锥细胞和轴突。轴突在视网膜神经细胞之间传送电化学信号。视网膜神经细胞进行图像处理并转成另一种信号，通过光神经传送到大脑进行最后处理。

既然眼睛会自动聚焦光线，那么在眼球晶状体上横截面为 $1cm^2$ 的光束聚焦到视网膜中央凹，光束面积将小于 $20\mu m^2$。这意味着视网膜上有巨大的功率强度因子，因为晶状体上的 $1W/cm^2$ 将变为视网膜上的许多千瓦每二次方厘米，从而对视网膜有着永久的伤害。

在视网膜伤害中要考虑两个因素，光束的辐射度和暴露（连续或脉冲光束）时间，一条安全规则就是使用激光护目镜。若发射的光从 0.25 ~ 30000s 是连续不断的，就可认为此光源是连续的，若低于 0.25s，则可认为是脉冲的。用聚碳酸脂制作的普通护目镜可抵挡数秒内辐照度高达 $100W/cm^2$（$1MW/m^2$）、波长为 $10.6\mu m$ 的激光。

联邦法律规定，激光器应附上光源的分类。

1.2.13 激光器分类

发射机，尤其光源是组成光通信系统的关键部件。光源应当是紧凑、单色、稳定且有较长的寿命（可工作多年）的。稳定性意味着恒定的光功率和波长（随着时间的变化，电压和温度改变不会引起激光器输出光功率和光波长的变化），即没有功率变化和波长漂移。实际上，因为没有绝对的单色光源，所以强度服从高斯分布且在非常窄的波长带宽范围内发光就可满足要求。

光源可分为相干（所有发射光子同相）和非相干（发射光子的相位是随机的）两类。

第一类包括所有激光器，第二类包括发光二极管（LED）和白炽光源。

光源也可分类为连续波（CW）和直接调制。

通信中，CW 光源需要与置于光通道中的调制器配合使用，这样的安排让代表数据流的电信号作用于调制器，从而影响光的连续流。考虑到所加电压、电流或光的影响，调制器可以外置，也可与激光器集成在一体，见图 1.8。

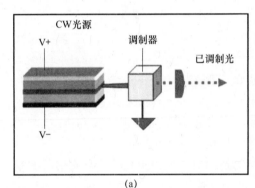
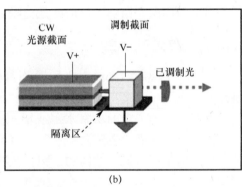

图 1.8　光调制器可外置（a），或与激光器一体（b）

基于最大值可达发射功率极限（AEL），或特定波长的驱动光功率（以 W 度量）或能量（以 J 度量）及暴露时间，光源可分成 4 类，从级别 1（常规使用时无伤害）到级别 4（对眼睛和皮肤有伤害）。自 1970 年以来，激光器技术已取得很大进步，从而扩大了激光的应用，也已修订了等级分类体系（2007 年 3 月 3 日的 IEC 60825 - 1，版本 2.0，适用于辐射激光波长范围为 180nm ~ 1·mm 的激光器产品的安全）。

在旧体系中，美国分类数值是罗马数字（Ⅰ ~ Ⅳ），而欧盟是阿拉伯数字（1~4）。在所有权限范围内，修订体系都使用数字（1~4）。修订的 4 个等级及其子类如下：

（1）等级 1：该等级包括高功率激光器，外面用盒子围住以阻止向外辐射，未关闭激光器时，此盒不能打开。常规使用时，等级 1 的激光器在所有条件下使用都是安全的，即不会超出最大允许的（功率）辐射（MPE）。例如，600nm（可见光）的连续激光器辐射可达 0.39 mW，对于较短波长，其最大辐射较低，但潜在地，这些波长能产生光化学破坏。最大辐射与脉冲持续时间也有关，若是脉冲激光器，与空间相干度也有关。

（2）等级 1M：等级 1M 激光器产生的光束口径很大或是发散角很大。除了通过诸如显微镜和望远镜等放大光学器件以外，等级 1M 激光器在所有条件下使用都是安全的。若光束被重新聚焦，可能会增加等级 1M 激光器的危害，产品将被再次分类。若总的输出功率低于等级 3B，但在等级 1 内且能通过眼睛瞳孔，激光器就可分类到等级 1M。

（3）等级 2：等级 2 的应用范围是可见光激光器（400 ~ 700　nm）。等级 2 激光器限于 1mW 的连续波，若辐射时间小于 0.25s 或产生的光不是空间相干的，则功率可更大些。由于眼睛的瞬目反应限制了暴露于激光中的时间不应超过 0.25s，因此只有刻意抑制瞬目反应，等级 2 激光器才是安全的。许多激光指示器是等级 2。

（4）等级 2M：同等级 1M 一样，该分类应用于有很大直径或很大发散角的光束，通过瞳孔的光线数量不能超过等级 2 的限制。因而若不通过光学器件观察，由于瞬目反应，等级 2M 激光器是安全的。

（5）等级 3R：等级 3R 的可见光谱连续激光器功率限制为 5mW；对其他波长和脉冲激光器，还有其他限制。若仔细操作且限定光束观察，等级 3R 激光器可认为是安全的。等级 3R 激光器可能超过 MPE，但损害风险低。

（6）等级 3B：若眼睛直接暴露于等级 3B 激光器是很危险的，但诸如纸张或其他不光滑表面的漫反射是无害的。波长范围从 315nm 到远红外的连续激光器的功率限制为 0.5W。对于 400 ~ 700nm 之间的脉冲激光器，功率限制是 30 mJ。其他波长和超短脉冲激光器还有其他限制。直接观察等级 3B 激光束时，特别需要护目镜。等级 3B 激光器应配备密码开关和安全保险设备。

（7）等级 4：等级 4 激光器包括所有光束功率远大于等级 3B 的激光器。根据定义，等级 4 激光器能灼烧皮肤，若直接观察光束或漫反射的光束，还可能会导致永久性眼睛损伤。这些激光器可点燃易燃物质，因此能带来起火的危险。等级 4 激光器应配备密码开关和安全保险设备。大部分娱乐、工业、科技、军事和医学激光器都在此类。

由于使用的许多激光器是在修订等级分类以前制造的，所以给出旧的等级分类如下（见参考文献［13］）：

（1）等级 I：等级 I 包括功率很低以至于即使暴露于该激光器几小时对眼睛也没有伤害的所有这样的激光器。等级 I 还包括更多危险的激光器件，如激光唱机的激光器，然而，这些激光器被放置在盒子里以阻止用户在操作时接触激光束。根据（美国）食品及药物管理局（FDA/CDRH）和国际 IEC – 825 标准，激光源应满足等级 I 激光安全要求。

（2）等级 II：等级 II 是低功率激光源，由于瞬目反应，这类激光器在打点时会有危险。当然长时间的暴露也可导致伤害。等级 II 激光器辐射光为可见光谱（0.4 ~ 0.7 mm），平均功率为 1mW，若脉冲持续时间小于 0.25s 也适用于此等级。人眼的瞬目反应（也称为保护性反应）将阻止眼睛受损害。例如，等级 II 激光器是 HeNe 激光指示器，其功率为 1mW 或更小。

（3）等级 IIa：等级 IIa 是指激光器发出的光在可见光波长（0.4 ~ 0.7 mm），如果直接或连续观察超过 1000s，对视网膜将产生灼伤。超市激光扫描器在此子类。

（4）等级 IIIa：若观察等级 IIIa 激光源小于 0.25s，则是无害的。但若暴露时间延长或激光束被透镜聚焦，都可能造成损伤。等级 IIIa 的激光功率适中，为 1 ~ 5mW，对眼睛有潜在的危害。光束功率密度不超过 2.5 mW/ cm^2。等级 IIIa 包括激光器如下：对波长短于 0.4 μm 或长于 0.7 μm 的激光器，其可达输出功率为等级 I 的 AEL 的 1 ~ 5 倍；对波长在 0.4 ~ 0.7 μm 的激光器，其可达输出功率小于 AEL 的 5 倍。适用于武器和激光指示器的激光器归于此类。

（5）等级 IIIb：如果直接观察或通过镜子反射观察，等级 IIIb 激光源可造成损伤，但不会产生危险结果。典型的等级 IIIb 激光器的平均功率小于 0.5W。等级 IIIb 激光器的潜在危害远大于等级 IIIa 激光器。危害仍来自对激光束的直接观察。这些激光器不会产生危险的漫反射或表现出对暴露皮肤的危险。当直接观察光束时，建议使用护目镜。等级 IIIb 高功率极限的激光器也可产生燃烧的危险，能轻微地灼伤皮肤。

（6）等级 IV：如果直接观察或通过镜子反射观察，等级 IV 激光源可造成损伤，并产生危险结果。等级 IV 激光器的功率为 0.5W 或更高。若直接观察或通过镜子反射观察，或皮肤暴露于此，这些激光器就显得很危险（眼睛损害、皮肤灼伤以及潜在的易燃物质的点火源）。大部分娱乐、工业、科技、军事和医学激光器都在此类。

注意：依据最危险的波长或最可能发生危险的波长配置可对多波长激光器进行分类（包括旧分类或修订体系）。

一般地，通信中的激光源使用等级 1 或等级 I，危险级别为 3A。一旦光纤与光源未连接，尤其是激光功率辐射暴露远大于 50mW（17dBm），系统设计者和光纤连接器设计者就要考虑预防激光器功率自动关断（APSD）。激光器安全的建议标准描述如下：

（1）ITU – T 建议 G. 664 提供光的安全程序步骤。

（2）美国国家标准协会（ANSI）标准 Z136.1 – 2000 给出最大允许的（功

率）辐射（MPE）限制和从 100fs ~ 8h 的持续暴露时间。

（3）类似地，美国政府工业卫生学家协会（ACGIH）标准给出阈值限（TLV）和生物接触限值（BEI）。

（4）ANSI 和 ACGIH 的标准均已成为美国联邦产品性能标准（21 CFR 1040）的基础。

总之，依据光强度，范围在 700 ~ 1400nm 的激光源可导致视网膜损伤，而范围在 1400 ~ 3000nm 的激光源可导致角膜灼伤，可影响眼内水状体的蛋白质并导致白内障。光通信频谱范围是 1280 ~ 1620nm，而 FSO 中使用的波长大部分在 700 ~ 800nm 范围内以及在 1550nm 附近。

1.3　大气层

地球的重力场使大气保持在空中，组成大气的气体混合物构成了包围地球表面的大气层[14]。整个大气层，以体积来计算，近似有 78% 的氮气、21% 的氧气、1% 的氩气、0.04% 的二氧化碳和其他更少量的气体（如 He、Ne、CH_4、H_2、Kr 等），约 1% 的水蒸气，自然和人造的悬浮微粒和污染物质（氟、氯、水银、二氧化硫（SO_2）），还有灰尘、花粉和其他物质。值得注意的是大气组成每年都在变化。由于水蒸气约为 1.5×10^{15} kg，故每年大气的质量（或总平均质量）是 5.1480×10^{18} kg。

由于重力场，气体的垂直分布并不均匀，气体的密度不是均匀分布于垂直地球表面的高度上，所有高度上的压强也不相同。此外，大气的温度也随纬度的变化而不同。大气质量的 3/4 在距离地球表面 11km 的范围内。由于距离地球表面不同的高度有不同的大气效应，因此大气层可分为很多层（从最低到最高），见图 1.9。

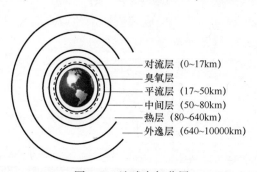

对流层（0~17km）
臭氧层
平流层（17~50km）
中间层（50~80km）
热层（80~640km）
外逸层（640~10000km）

图 1.9　地球大气分层

（1）对流层：该层从地球表面（海平面）扩展到 7 ~ 17km，但地球两极处的此层厚度约为赤道周围此层厚度的一半。对流层（几乎占大气总质量的 80%）的分子密度最高，压强（海平面处为 1atm = 760 = orr = 101.3kPa = 14.7psi = 29.9

英寸水银柱）也最大，空气压强几乎呈指数下降，每5.6km就下降大约有0.5，或每7.64 km就下降为 $1 - 1/e = 1 - 0.368 = 0.632$，即63%。海平面上的空气密度约为1.2kg/m³。大气密度随纬度 z 下降，可由大气压公式描述，该式是指数公式 $P = P_0 \exp (Mgz/(RT))$，是基于地球大气质量 M、重力 g 和温度 T 来计算大气压强，R 是空气普适常数，为8.31432 N·m/（mol·K）。由于全年的每一天大气都在变化，所以大气密度并不保持恒量。对流层中的大部分天气现象（雨、雪、雾、闪电和云等）影响每日生活，FSO通信也是在此层进行的。

（2）平流层：该层从7~17km扩展到约50km。温度随高度增加而升高。平流层还含有浓度为百万分之几的臭氧（O_3），分布在15~35km的范围，称作臭氧层，它是由太阳的紫外线产生的。

（3）中间层：该层从50km扩展到80~85km。随着高度的增加，温度可降低至 $-100°C$。这是大部分流星进入大气层时燃尽的地方。

（4）热层：该层从80~85km扩展到640km。它包含特别的低压粒子。此层的温度随高度的增加而上升，可达1500°C。国际空间站轨道就在该层的320km~380km之间。

（5）电离层：该层扩展范围为50~1000km。此层包含带电（电离）的粒子，因此对无线电通信很重要。

（6）外逸层：该层从500~1000km扩展到10000km。此层接近外太空边缘，虽然包含很少的粒子，但对卫星能产生大气阻力。[①]

两个大气层的交界面也有名字，如对流层和平流层之间的交界面称为对流顶层，平流层和中间层之间的交界面称为平流顶层，中间层和热层之间的交界面称为中间顶层。

要注意的是，上述各层在一天内的变化是连续的，相互间会交迭。实际上每层空气的压强、密度、温度和分子构成都依赖于地球表面与月球和太阳的相对位置、太阳的活动以及许多其他因素。

接下来集中讨论对流层，尤其是影响FSO通信的一些现象。

1.4　大气效应对光信号的影响

陆地上应用FSO技术依赖于激光束在对流层中的传播。对流层有很多天气现象，会与传播的光信号相互作用并影响其质量。

尽管对流层是个高度活跃且不稳定的介质，但在雷达和气象卫星的帮助下仍

---

① 原文中是5000，译者改为500。——译者注

可以预测天气。对流层包括气体、水蒸气、空中灰尘、自然的和人造的悬浮物、污染物质和其他微粒，随着阳光、温度和压力的变化，这些物质不断地运动并改变其浓度和特征，因此对流层的动态模型高度复杂且难于构造[15,16]。

对流层中的所有分子和微粒，除了会与光产生化学作用，还会对 FSO 光传播信号产生吸收、散射、雾致衰减、雨致衰减、雪致衰减、闪烁、雷电放电、大气潮汐及其他影响。

因此，在 FSO 中，应该对作为传输介质的对流层进行仔细考查和充分理解。研究对流层现象及其对传输光的影响有助于更好地设计出有效、智能、性价比高的 FSO 链路和可靠网络，此网络可在预期质量水平上自动调节激光辐射功率和接收机灵敏度、链路准直自控、网络流量负载自平衡，而且为了提供无干扰服务，此网络能自动避开影响区域。

在此部分，我们考查影响 FSO 通信的最重要的对流层现象。以下就从影响光线传播的重要参数——空气的折射率开始。

1.4.1 空气折射率

在研究光线在大气中传播时，大气的折射率是个重要参数。在一些可预测或不可预测的动态条件下，由于许多变量经常变化，因此空气的折射率非常复杂。主要受天文学观察的影响，早在 1700 年就开始了相关研究。例如，由于大气折射率的变化会产生不同折射，再加上观察波长的不同，将导致物体在望远镜焦平面上的不同位置成像。

随着先进技术尤其是计算机的发展，20 世纪最重要的进步是对空气折射率进行建模。本部分的目的不是给出空气折射率发展模型的完整历史回顾，但由于 FSO 是众多大气折射率模型研究的重要受益对象，因此给出了仍在使用的一些模型的简要介绍[17]。

1939 年，Barrell 和 Sear[18] 推导了当 $T = 0℃$ 和 $P = 452mmHg$（$1kPa = 7.6mmHg$）时，可见光谱内空气折射率的第一个数学模型。

1953 年，通过把真空波长为 λ_{vac}（μm）的"标准空气"的折射率数据拟合成曲线，Edlén 推导了经验模型。更确切的条件是在温度为 $T = 15℃$（288.15℃K）、大气压力为 $P = 760mmHg$（1013.25 mbar）且空气中包含 300×10^{-6} CO_2[19]时，有

$$(n - 1) \times 10^8 = 6432.8 + 2949810/(146 - \lambda^{-2}) + 25540/(41 - \lambda^{-2})$$

$$(1.19)$$

式中：n 为折射率；λ 为真空中的波长（μm）。

1966 年修正了此模型，重新拟合数据后，分母中的 41 变成了 38.9[20]。

1967 年，考虑到非理想气体 – 空气的压缩性影响，Owens[21] 修正了 Edlén 的

公式。

1972 年，Peck 和 Reeder[22]进行了红外线区域（IR）的新测量，该测量在区域 230nm（UV）到 1.69 mm（近 IR）这两个部分的折射率精度为 10^9；FSO 就在此区域，因为其使用波长约为 800nm ~ 1.55μm①。

1981 年，Jones 重新考虑了实际气体和他自己的模型公式[23]；随后，试图考虑大气中的水和 CO_2，又推导出了更多的公式，为了提供最精确的模型，还要考虑影响空气折射率的其他参数[24-31]。

1.4.2 大气电场

在云和云以及云和地球表面之间的大气电场中，典型电压差的范围从 20000V ~ 100MV，该电场可通过大气引起多个闪电放电，电流可高达 35000A。闪电辐射出很短波长到很长波长范围的电磁波，如无线电波（RF、VHF 和 UHF）、光波、X - 射线以及 γ 射线。闪电中等离子体的温度可达 28000K，电子密度（单位体积内的电荷数）可超过 10^{24} e^-/m^3[32]。每个闪电的持续时间为 20 ~ 130ms；FSO 通信中，如果闪电干扰了接收机处 1Gb/s 的信号，则 100ms 的闪烁等于对应的实际数据丢失 10^8 bit（或 12.5MB）。

1.4.3 大气潮汐

水汽和臭氧吸收太阳的周期辐射导致了对流层和平流层中的大气潮汐。在大气中传输的大气潮汐，其密度随纬度变化显著，会产生风、温度和压力起伏，这种振荡周期约为 24h。近地平面处，大气潮汐半天周期明显，每半天出现一次压力最小值（本地时间的早上 4 点和下午 4 点）和压力最大值（本地时间的上午 10 点和晚上 10 点）[33]。

1.4.4 定义

1.4.4.1 大气浓度

空气中元素的 PPMV 是指单位体积空气中气体元素的总分子数或空气的摩尔即指空气中气体元素的浓度[34]。例如，1PPMV 是指有 1μL（10^{-6} L）的某种具体气体混在 1L 的空气中。

空气中还有一种描述气体元素浓度的单位，其公制单位是 μg/m³。要把 PPMV 转换为 μg/m³，需要特定气体的密度，可使用阿伏伽德罗定律进行计算，此定律要求：等体积的气体，在相同温度和压力下，包含的分子数相同。阿伏伽

---

① 原文中是 mm，译者改为 μm。——译者注

德罗定律说明在标准温度和压力（STP）下，1mol 气体的体积为 22.71108L，这也被称为理想气体的摩尔体积[35]。互联网上提供了 PPMV 到公制单位的转换工具，可在 http：//www.lenntech.com/calculators/ppm/converter - parts - per - million.htm 查找到。

1.4.4.2 能见度

一般情况下，这是一个用于气象学、航空学和交通学的特殊术语。它描述了在可见光谱中，空气的透明程度，即人类观察者能看到的程度。

能见度由跑道视程（RVR）度量，即大气中，发出的平行光束传播到其强度（或光通量）降低到其初始值的 5% 时的传播距离。

1.4.5 吸收和衰减

对 FSO 通信来说，大气吸收是个不利影响。大气，尤其是对流层，包含不同的气体和粒子，它们互相作用，吸收或散射进入大气的特定波长。例如，水分子吸收波长为 700nm（红外和远红外）以上，而 O2 和 O3 吸收波长低于 300nm（紫外光）。

大气不透明度（或反之称为大气透明度）研究来自太阳和宇宙的电磁辐射以及通过大气完全到达地面的选择性吸收（或传输）。大气不透明度（或透明度）考虑了从无线电波到 γ 射线以外的完整光谱。

大部分电磁波长都被大气吸收或阻挡了，通过大气传播并达到地球表面的频谱称为光学窗口。该窗口跨度为从 300nm 到约 1100nm，因为它包括了可见光频谱 400~700nm，所以命名为"光学窗口"。跨度约从 2cm~11m 的窗口被命名为"无线电窗口"，见表 1.4。

表 1.4　FSO 涉及的大气光谱范围

光谱范围	波段	天空透明度	天空亮度
1.1~1.4μm	J	高	晚上低
1.5~1.8μm	H	高	很低

大气吸收来自太阳和宇宙的光，也吸收在其中传播的激光。事实上，当有浓雾或大雪时，大气吸收是 FSO 通信的关键障碍。例如，在天气晴朗时，大气衰减仅为 0.2dB/km，但在浓雾时其衰减就可达 300dB/km，在这种浓雾情况下，就不可能实现 FSO 链路。

一般情况下，大气中的不同分子选择性吸收波长，给定波长的吸收系数取决于气体分子的类型和分子的浓度。

水（雾、雨和雪）和液体悬浮微粒影响大气衰减。悬浮微粒（固体或液体）的尺寸（从几纳米到 100nm）非常小，它们悬浮于空气中。空气中每种类型的颗粒对光吸收都有贡献，所以衰减的实际总量取决于分子类型、微滴尺寸、颗粒密度以及波长，衰减用 dB/km 来度量。通常，波长 λ 越长，衰减越低，在 5GH^2 以上时，衰减开始变成要考虑的问题。一般情况下，光的透射率（由此可推出吸收系数）可用比耳定律，也称为比耳 – 朗伯定律。透明物质的透射率定义为比率 $T = I/I_0$，其中 I 是穿过物质的强度或功率，I_0 是初始入射功率。

比耳定律表明了光的透射率取决于吸收系数 α 与光通过物质的传播路径 L 的乘积取对数。

若吸收系数 α 用摩尔吸收率 ε 与浓度 c 的乘积来表示，或是用吸收横面 σ 和吸收物浓度 N 的乘积来表示，那么，透射率 T 常被写为

$$T = 10^{-\alpha L} = 10^{-\varepsilon L c} \quad \text{（对液体）} \tag{1.20}$$

或

$$T = e^{-\sigma L N} \quad \text{（对气体）} \tag{1.21}$$

类似地，吸收率可用下式表达：

$$A = -\lg(I/I_0) \text{（对液体）} \tag{1.22}$$

或

$$A = -\ln(I/I_0) \text{（对气体）} \tag{1.23}$$

因此，吸收率与吸收物的浓度成线性关系，如下：

$$A = \varepsilon L c \text{（对液体）} \tag{1.24}$$

或

$$A = \sigma L N \text{（对气体）} \tag{1.25}$$

现在，由于大气包含不同的气体，每种气体的吸收率特性各不相同，则据比耳定律可得总计大气吸收系数为

$$I = I_0 \exp\left(-m(\tau_a + \tau_g + \tau_{NO_2} + \tau_w + \tau_{O_3} + \tau_r)\right) \tag{1.26}$$

式中：τ_a 为悬浮微粒吸收和散射光的光深，是均匀混合气体（主要是二氧化碳 CO_2 和氧气分子 O_2）吸收光的深度；τ_{NO_2} 为由大气污染产生的 NO_2 的光深；τ_{O_3} 为臭氧吸收光的光深；τ_r 为瑞利散射引起的光深；m 为光学品质因子（也称气团因子），约为 $1/\cos\theta$，其中 θ 是垂直于地球表面和观察物体间的角度（天顶角）。

尽管实验或经验模型总体上可应用于特定的场合和特殊应用[36-38]，预测模型也已被修正，但实际上，用数学描述大气衰减仍是非常困难的。在这些模型中，Longley – Rice 模型[39-42]预测了对流层通信的传输损耗，并绘制了不规则地域的数据，并已作为一项标准被 FCC（联邦通信委员会）采纳。这项标准适合 20MHz ~ 40GHz 的信号，路径长度从 1km ~ 2000km。当前仍在研究光领域的标准，仍需要一个可靠有效的模型。还有 Kruse 模型[43]，给出了一个半经验公式，公式将气象能见度与光的大气衰减联系起来，公式适用范围是从可见光到近 IR 的灰尘、悬浮物和雾，如果雾颗粒远小于波长，则有

$$\Gamma(V,\lambda) = (17/V) \times (550/\lambda) \times 0.581xV^{1/3} (\text{dB/km}) \tag{1.27}$$

式中：V 为以 km 为单位的可见距 （离），λ 为激光波长。后面的公式也可简化为

$$\Gamma(V,\lambda) = k/V (\text{dB/km}) \tag{1.28}$$

式中：k 为范围为 8.5~17dB 的较小单位的系数，其值取决于波长，Kruse 预测在 1550nm 时 $k=12$。若雾颗粒远大于波长，就不能使用简化的 Kruse 公式了[44]。

大气辐射与大气吸收相反。当光进入大气，原子和分子受到激发，得到能量。这时，自发的或是由于受到激励而激发的原子，就会辐射出光子或声子（热）能量。例如，是否含有大气发出的红外辐射，取决于是否有云和某种气体（CO_2、H_2O），当包含红外辐射时，就会导致温室效应。此外，天体也辐射能量。例如，在近 6000K 时，太阳辐射电磁波的峰值波长为 500nm （可见光），而地球在 290K 时，其辐射的峰值为 10000nm （不可见）。

1.4.6　雾

雾是与地面接触的云，它与液体喷雾的唯一区别是水滴密度，它用千米或米远的能见度来表示。雾的水滴浓度高于液体喷雾。它可降低能见度至小于 1 km （有时甚至小于 50m），而液体喷雾或薄雾降低能见度不少于 2km。因此，雾减弱其中的光传播远大于液体喷雾或薄雾。对所有的电磁波来说，衰减系数 （单位 dB/km） 并不相同，它是波长的函数[45-47]。通信使用较低频率时，受雾影响的衰减也越小，因此也更有利。虽然 "光" 频能提供无线电频率所不能支持的高带宽和长链路传输，但光频受雾影响的衰减也较大。

水汽浓度很高 （约 100% 的湿度），温度和露点的差别通常小于 2.5℃，空气中出现吸湿颗粒 （促进水汽冷凝），这时空气中的水汽冷凝为微小的水滴 （1~20 μm），就开始形成了雾。水汽是由液体水蒸发或冰的升华 （由冰变化到汽） 而形成的。雾的厚度主要是由逆温边界的海拔高度决定的。形成雾有一些机理，下面简述其中几条 （按字母顺序排列）：

平流雾：当暖空气和潮湿空气在如陆地或冰或更冷的水面等冷面上运动时，就形成了平流雾。在这种情况下，潮湿空气的较低层快速冷却形成了平流雾，典型地发生在春天或秋天。

人造雾：当周围环境寒冷时，由水蒸气机产生的雾称为人造雾。此类也包括发电厂发出的巨量蒸汽。

冰晶：从晴空中落下的透明且稀少的冰的晶体，称为冰晶。

浮动雾：露点温度的变化产生的突然形成或迅速消散的雾称为浮动雾。

冻雾：当液体雾滴凝固形成柔软的冰晶，沉积在包括电线、电缆塔、天线杆、天线、邮政桩和机翼等垂直表面的迎风面时，出现冻雾。这常见于暴露在低

云层中的山顶。

湿雾：形成于智利和秘鲁海岸的模糊或透明的雾，称为湿雾。当正常的雾由海洋传播到内陆时，遇到热气时由于汽化导致雾颗粒收缩，因此使之几乎不可见。

地面/低雾或辐射雾：日落后，在平静的环境和清澈的天空中，由于地面快速丢失由辐射产生的热量，地面上的微湿空气冷却并达到饱和点形成的雾。地面或辐射雾是局部的，较浓且多发生于秋天和冬天的早晨。

冰雹雾：发生于地面附近，即由于温度降低和水分上升导致显著的冰雹积累。这种雾是局部性的，但可能非常浓，而且很突然。

山雾或上坡雾：当微湿的空气占领小山或高山的上坡时形成的雾。随着空气移动到高山迎风面，空气冷却产生了雾。

冰雾：也称冻雾，是指由悬浮在空气中的清澈冰晶或冻结水滴组成的一种雾。当极地区域的城区温度等于或低于 -35°C 时，就会出现冰雾。冰雾可能十分浓密，还可能夜以继日地保持下去直至温度上升。

雨沉雾：又称锋面雾，它是当清澈的雨水降落在低于云层的干燥空气中时，水滴缩小到水汽中形成的雾。水汽冷却，在露点处水汽变浓就形成了雾。

蒸汽雾或蒸发雾：是局部性的，当冷空气通过非常暖和的水或潮湿大地时形成的雾。

谷雾：形成于高山的山谷，是由于温度变化产生的。在平静的条件下，可持续数日。谷雾也称为水葱雾。

由于涉及雾特性的许多参数，经验模型已得到发展[48]，以便基于对感兴趣区域一段时期的观察数据，采用能见度来描述衰减特性。例如，表 1.5 的数据来自参考文献[49]。

表 1.5 基于经验数据的雾特征描述（引自文献 [49]）

雾的类型	能见度/m	衰减/（dB/km）
大雾	40～70	250～143
浓雾	70～250	143～40
中雾	250～500	40～20
轻雾	500～1000	20～9.3

1.4.7 烟雾

烟雾是由烟和雾组合的单词，实际上是由空气污染组成的。烟雾是由工厂在燃烧煤炭时发出大量的烟和二氧化硫产生的。目前，在发达国家，由于空气清洁条例的实施，已大大降低了这种烟雾。当阳光通过大气时，车辆和工业的排放物与大气中的水分和其他分子相互作用，会形成二次化学污染的特殊物质。这个过程称为光化烟雾。这些污染可能是醛、一氧化氮、过氧硝酸乙酰酯和其他一些易发生反应且易被氧化的不稳定的有机化合物。光化烟雾吸收或散射 FSO 通信中使用的激光。

1.4.8　雨

雨包含 $100\mu m \sim 10mm$ 范围内的水滴。因此，雨影响 GHz 范围内的通信，例如，4GHz 处雨衰减的数量级小于用于卫星链路的典型频率 12GHz 处的衰减。雨也影响光频率，但不像雪影响那么严重。

通信信号的雨衰减取决于水滴尺寸、水滴密度、降雨率以及信号传输时通过的雨（或雨胞）的范围[50]。类似地，雨衰落指的是 RF 信号的吸收。注意，即使在发射机或接收机的地方并不存在雨，但在发射机和接收机之间可能有雨，因此信号仍可能受到雨的影响。

降雨率的单位是 mm/h，每隔 5min 用雨量器测量得到。

冰雹是冻结得像雨一样的雨滴，也影响通信信号的完整性。冰雹的尺寸是 5 ~ 50mm。

同雪类似，为了预测可视范围内的光信号衰减，已有研究雨衰减的经验模型[51-54]：

$$a_{rain} = 2.9/V \tag{1.29}$$

1.4.9　雪

与雾和雨类似，雪对传输的 FSO 光信号质量也有不利影响。

基于水分子的结构，雪是在水降落时形成的六边形冰晶体。当形成这些微晶体时，它们形成薄片并以下列形式降落：

雪花：是雪晶体的集合，松散的边界聚合成花边结构或粉扑球。雪花直径可从 1 mm 长至约 10 cm，可能很湿且很粘。典型的雪花包括 100 个以上的雪晶体。

雪晶：是从空气的冷凝水汽中直接生长出来的对称形单个冰晶体，常围绕在一粒灰尘或一些其他异物附近。雪晶生长的直径可细微到几毫米。

结晶：是过分冷却快速冻结于任何表面的极小水滴（典型地在雾中），包括雪晶。

雪衰减影响光信号，基于可见光范围，其经验模型近似为[55]：

$$a_{snow} = 58/V \tag{1.30}$$

1.4.10　太阳干扰

太阳光球发出高强度的电磁波，干扰着包括光频在内的电磁波传输。因此，若通信信道运行于太阳辐射光谱范围，就会出现太阳干扰。太阳辐射光谱约从 $0.2\mu m$ 开始，扩展到 2mm 以外，在可见光范围内，最高强度集中于约 500nm

（可见光谱从 400 ~ 700nm）处，平均温度可达约 6000K。太阳辐射也包括射频波长、紫外线（UV）、X 射线和 γ 射线波段。

光通信传输的典型波长位于 1280 ~ 1620nm 范围。FSO 通信系统中，最常用的波长位于 800nm 附近和 1550nm 附近。到处都可能存在太阳干扰，只是 800nm 处的干扰可能大于 1550nm 处的干扰。不管怎样，太阳干扰十分麻烦，阳光肯定会落入到光检测器上。此外，当使用 1550nm 时，接收机处的长波长光滤波器会滤除低于 1310nm 的波长，极大地降低了太阳背景辐射干扰。FSO 中，合适的外箱设计和光滤波器能极大地降低太阳背景辐射。

1.4.11 散射

随着光线穿过大气，光子与分子和其他粒子会相互作用，并像台球那样在每个可能的方向上散射，即在不改变光子波长或能量时，受分子影响，光子会偏转。当然，由于实际的散射机制取决于分子尺寸、类型以及光波长，因此所有的光子不会以相同的方式发生作用[56-60]。假设大气中的空气粒子是半径为 r 的小球体，其折射率为 n，若光波长为 λ，则可定义尺寸参数为

$$\sigma = \frac{4(2\pi)^5 r^6}{3\lambda^4} \left\{ (n^2 - 1)/n^2 + 2 \right\}^2 \tag{1.31}$$

若光的波长为 λ，初始强度为 I_0，则在 θ 角度方向、距粒子距离 D 处的非偏振散射光子强度为

$$I = I_0 \frac{3\sigma}{16\pi D^2} (1 + \cos^2\theta) \tag{1.32}$$

例如，氮气在 532nm 波长，即对应于绿光时有 $\sigma = 5.1 \times 10^{-31} \text{m}^2$。

若散射是由分子引起的，则需要修正上述强度方程，因为这些分子只有极化率 α，没有明确定义的折射率。

极化率定义为由微粒引起的偶极矩 P 与产生力矩的电场 E 的比值，$\alpha = P/E$，即极化率是外电场（或附近的带电分子或离子）出现时，电子云层电荷再分配的数量。在这种情况下，对散射物质，其强度为

$$I = I_0 \frac{8\pi^4 N\alpha^2}{\lambda^4 D^2} (1 + \cos^2\theta) \tag{1.33}$$

基于粒子尺寸和光波长，可把散射机理分为三类：

瑞利散射：当 $r \ll \lambda$ 时，有 $\sigma \approx \lambda^{-4}$。

米勒散射：当 $r \sim \lambda$ 时，有 $\sigma \approx \lambda^{-1.6}$ 到 0。

几何散射：当 $r \gg \lambda$ 时，有 $\sigma \approx \lambda^{\geq 0}$。

很明显，大气中有许多不同类型和尺寸的粒子和分子，可能以一种或更多种机理发生散射。例如，光子可能被一个非常小的粒子（瑞利散射）散射，散射粒子可能接着被相同数量级的粒子（米勒散射）散射，依此类推，接着可能被

一个很大的粒子（几何散射）散射。

1.4.11.1　瑞利散射

当大气中的粒子远小于大气中传播的光波长时，就会发生瑞利散射。对相同光强度，400nm 波长的光瑞利散射比 700nm 波长的光瑞利散射约大 10 倍。

此外，散射光强度与粒子尺寸的 6 次方成比，与波长的 4 次方成反比。与波长相比，粒子尺寸相对较小，光子能量小（长波长）且没有电荷，因此可使用弹性散射方程研究瑞利散射，即散射前后光子的方向不同 但能量守恒。如果光子有足够的能量激发一个粒子（即与该粒子的一些振动模式相互作用），可能会发生一些能量交换，这被称为拉曼散射。

瑞利散射中，较短波长（蓝光）散射远大于较长波长（红光）。因此在白天，从各个方向看天空都是蓝色的，因为我们看到的是被大气分子和粒子散射的光。然而观察太阳时，我们看到的是非散射光（由于散射除去了蓝光），因此太阳看上去是红中带黄的颜色。日落时，由于太阳在地平线或更远处，光线在大气中传输的距离最远，蓝光已经被散射掉了，只有微红的光线到达我们的眼睛。在外太空观察地球时，由于看到的是散射光，大气看上去是蓝色的，天空看起来是黑色的而太阳则是白色的。云层中的水滴大于可见光的波长，因此会产生米勒散射，与蓝天相反，它们看上去是白色的。

瑞利散射产生类似天线辐射波瓣图的前向和后向散射传输图案，对较小粒子，图案更窄且强度更强[61]。

不仅在气体和液体中传播的光会产生瑞利散射，而且在如光纤等透明固体物质中，也会产生瑞利散射。

二氧化硅光纤中，由于散射作用，分子密度的随机波动会造成光功率损耗。在这种情况下，由于散射导致的损耗系数为 α_{scat}：

$$\alpha_{scat} = \frac{8\pi^3}{3\lambda^4}(n^8 p^2)(kT)\beta \tag{1.34}$$

式中：p 为二氧化硅的光弹性系数；k 为玻尔兹曼常数；n 为二氧化硅的折射率；λ 为散射光的波长；β 为等温压缩率。

1.4.11.2　米勒散射

米勒散射是电磁平面波被绝缘球散射的理论结果，当大气中的粒子半径，包括有着与大气中传输的光波长约相同尺寸的悬浮微粒时，就会发生米勒散射[62]。灰尘、花粉、烟和水汽是造成米勒散射的原因。米勒散射发生在对流层的较低层，尤其是在阴天当这些粒子浓度较高时。

米勒散射并不强烈地取决于波长，太阳周围的白色眩光是大气中微粒物质的米勒散射产生的，此外白光，也来自薄雾和雾。米勒散射也产生类似天线辐射波瓣图的前向传输图案，对较大颗粒，该图案较窄且强度更强，见图 1.10。

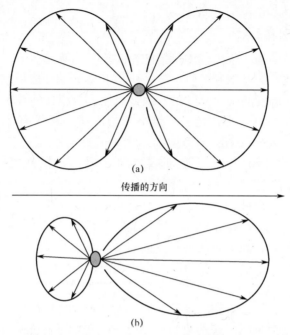

图 1.10　瑞利散射是双向的（a），而米勒散射主要是单向的（b）

1.4.11.3　几何散射

当大气中的粒子远大于波长的数量级时，就会发生几何散射。FSO 应用中，激光波长为 1.5 μm，粒子尺寸的数量级为 mm。在世界的特殊地方（沙漠、农场和火山活动等区域），这些粒子可能是在风暴和强风中被卷入空气的泥土、沙和灰尘。在这种情况下，散射和光衰减取决于每平方厘米或平方米的粒子浓度，衰减值远大于瑞利散射和米勒散射。作为参考，表 1.6 列出了大气中不同分子和粒子的近似半径。

表 1.6　大气中不同分子和粒子的近似半径

粒子类型	半径/μm
空气分子	近似于 0.0001
N_2	0.000075
CO_2	0.000323
O_2	0.000292
烟雾	0.01 ~ 1
雾	1 ~ 20
雨	100 ~ 10000
雪	1000 ~ 5000
冰雹	5000 ~ 50000

1.4.12　闪烁

大气是气体、分子和粒子的混合物，不断地得到或损失能量（热量）。一些局部气胞受热超过其他部分，而其他部分冷却又超过别的部分。在向上和向下运动中，气胞有扩张和收缩，在横向偏移中，也有气胞的扩张和收缩。最终结果是气胞的热湍流，其特性由不均匀和动态变化的折射率、密度和空气浓度来描述。

通过大气湍流传输时，光束的大部分特性都会受到影响。即它的偏振、折射、吸收、散射和衰减在 0.01 Hz 和 200 Hz 频率之间会随机波动。在相同条件下，波动的强度和频率随波频的变大而增加。

FSO 中，横穿大气湍流时，由于信道中气团的各向异性，激光束的偏振和相干性会变化。由于通过信道中的气团时功率损耗不连续，所以其衰减常数也会波动[63,64]。信号到达接收机时，由于光束时空变化的辐照度随机波动，其强度也波动，因此信号的聚焦及光检测器上的再次聚焦都是随机的，这种影响类似于从很远处观察夏夜城市闪烁的灯光。这种由于热湍流引起的信号波动称为闪烁。

闪烁影响传输信号的质量和闪烁效应的程度，闪烁效应定义为单位时间内闪烁的瞬时幅度与其平均值的比，用分贝单位来度量。为了预测闪烁效应，已经发展了一些理论模型[65,66]。当然，闪烁是一种复杂现象，还取决于难以建模的实时气象现象。如果保留参数和边界条件，那么理论闪烁模型就有价值，因为模型也需要实验数据来验证。

闪烁用闪烁指数 σ_{index} 来量度，可写为

$$\sigma_{index}^2 = (\langle I^2 \rangle - \langle I \rangle^2)/\langle I \rangle^2 \tag{1.35}$$

式中：I 为光波的辐照度（或强度）；尖括弧表示时间上的平均值。

同激光雷达链路一样，FSO 通信链路中闪烁指数的了解对决定系统性能很重要。随着信道长度的增加，闪烁指数也增大，同时光信号变为弱相干，光功率在接收机处的聚焦效果会恶化。

为了改善闪烁效应，接收机处聚光透镜的直径要增大到超过接收光信号的辐照度卷积宽 ρ_c，辐照度卷积宽由辐照度卷积函数决定，此函数是时间的高斯函数，它定义了类似于点接收机的最大接收机孔径尺寸。

孔径远大于 ρ_c 时表现为孔径平均，要设计卷积宽 ρ_c 参数，以帮助降低接收机上光检测器经历的闪烁效应的大小。已报道了一个有趣的方法，该方法使用旋转的管道以降低光斑量[67]。

1.4.13　风和光束漂移

风是对流层和平流层中发生的气团运动[68]。光本身不只受风影响，可能还会引起风（温度变化和其他因素）。FSO 应用中，由于 FSO 收发机安装于高层建筑或杆顶上，风会降低光束准直的效果。强风湍流可使高层建筑倾斜几米，从而使光束偏移目标接收机。因此，湍流风对光束准直的影响可能很重要，激光束看上去偏离了接收机，被称为光束漂移。若除风外，光束通道的局部温度还有变化（导致闪烁），光束漂移还可能影响闪烁指数[69]，称为光束漂移诱发闪烁（BWIS）。很明显，后一种影响取决于光束特性。若光束被校准或发散，BWIS 就不重要；若光束被聚焦，BWIS 就会恶化。当前，没有有意义的数据，以确定一束很细几乎没有发散的激光束，在有和没有自动跟踪时，激光束的 BWIS 影响。

简言之，光束漂移的影响取决于光束直径上的光束是否准直、发散或聚焦，也取决于收发机是否带有自动跟踪系统，使得即使与另一个收发机相比，此收发机漂移位置虽有数米远，但仍能保持准直。

1.5　大气光传输编码

FSO 通信基于在大气中传播的窄带光束。大气是无边界媒质，是在不断变化的，其参数也不是常数。因此，上述对流层中的不同大气现象对光信号质量都有不利影响。所以就存在这个明显的问题：对光信号使用哪种调制方法更加有效？

由光纤通信的经验可知，目前，最有可能的四种方法为相移键控（PSK）、频移键控（FSK）、偏振态键控（SoPSK）和幅度或开关键控（OOK）。

（1）若在媒质中，相位沿着传输通道保持不变，则 PSK 就很有效。但我们已经讨论过，由于折射率变化和闪烁会导致 FSO 光束的相位变化。因此，显然这种调制方法将使误码率（BER）增加。

（2）FSK 需要在两个不同的光频间切换，因此需要两个激光发射机或一个激光发射机和一个波长转换器。尽管这个方法可能很有效，但它增加了成本以及收发机的设计复杂度。

（3）SoPSK 与 PSK 有相同问题，由于空气媒质中空气折射率的动态变化导致不能保持光束偏振。

（4）OOK 调制方法是脉冲调制的最基本形式，用于光纤和 FSO 通信中的二进制直接检测接收机，已仔细研究过其链路性能随链路长度的变化以及信噪比和误码率。

OOK 的性能（用 SNR 来衡量错误概率）为

$$P_e = 1/2\mathrm{erfc}\sqrt{(S/N)} \tag{1.36}$$

式中：erfc 为互补误差函数。

FSO 系统中，在以上提及的四个方法中，因为直接检测的脉冲光并不依赖于相位和偏振变化，它只取决于强度，所以 OOK 是最实用的。

此外，FSO 链路的性能可由辐射信号的概率密度函数（PDF）推导，当出现空气湍流时，绝对的 BER 由误差概率或随机信号 PDF 的平均条件概率决定。

1.6　激光雷达

LIDAR 是激光探测与测距的首字母缩略语。该缩略语表示，LIDAR 是基于大气中脉冲调制并发出的细光束，光束的功率可从几毫瓦到几瓦。此外，光检测器测量反射光束以判定相移、强度以及可能的偏振状态，见图 1.11。激光束可被垂直或水平地反射，光束可在旋转模式或扫描模式中静止或移动。因此，激光雷达（LIDAR）的应用包括天文学、气象学、考古学、陆地勘测、3D 物体成像、测距、目标检测和运动检测等[70-72]。

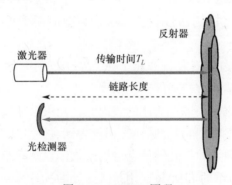

图 1.11　LIDAR 原理

LIDAR 使用的波长短，典型范围从 UV（低于 400nm）到 IR（高于 700nm），即包括并超过完整的可见光谱。由 LIDAR 得到的物体特征精确性很高，其精度在波长量级。当然，激光束也易受大气（吸收、衰减、散射和闪烁等）的影响，这些不利影响是大气中的分子、悬浮微粒和大气污染等共同作用的结果。尽管这看上去可能对 LIDAR 应用不利，但实际上它也是个优点：由于波长小，微小的电介质中断或局部电解质异常（由悬浮微粒、烟和其他污染引起）都会引起光反射，而不像在射频 RADAR，只有很大的金属物体才反射，像小石子上的巨大海浪那样，RADAR 的长波长对小粒子不敏感。因此，LIDAR 已应用于大气研究、天气预报、空气污染鉴定和测量等领域。

依据光束散射分子的类型和尺寸，LIDAR 可分类为

（1）瑞利 LIDAR。

（2）米勒 LIDAR。

（3）拉曼 LIDAR，利用无弹性散射，小部分光功率与气体相互作用，散射光的长波长取决于气体的类型。这种 LIDAR 用于测量文中已描述过的大气气体浓度和悬浮微粒参数。使用 THz 干涉测量仪，能检测远处的化学制品、原子核或有机分子。

（4）差分吸收 LIDAR 使用一个"在线"或探测波长，气体只吸收此波长而不吸收别的波长的光。通过散射光的测量，根据臭氧、二氧化碳或水汽的不同吸收值，测定出臭氧、二氧化碳或水汽。

（5）弹性背向散射（由悬浮微粒和云产生）LIDAR。

（6）荧光 LIDAR 基于某些特殊元素（钠、铁和钾）的荧光效应。

（7）多普勒 LIDAR，与弹性背向散射 LIDAR 相似，但此 LIDAR 测量的是从估算风速中得到的背向散射光的频移。交通限速就使用这种类型的 LIDAR。

此外，还有两种以上的正交类型的 LIDAR，相干光和非相干类型。

（1）相干类型 LIDAR 使用相干光，基于反射光的相位差异进行测量。因此，接收机必须是电外差光检测器接收机。这种类型适用于移动的物体且相位敏感测量。

（2）非相干类型 LIDAR 使用非相干光，基于反射光的幅度（强度）进行测量。即接收机使用简单的直接强度光检测器。

当 LIDAR 光束扫描一个 3D 物体的表面时，光束会被反射，其表面影像可通过测量时间和/或返回到检测器的脉冲光相位得到，因此距离可用波长（nm）等分或脉冲的重复率来测量。得到的信息可用于物体识别、绘图或勘测地域、重现（复制）物体等。最简单的 LIDAR 应用是结账处的标签和条形码扫描仪。

注意，在大气应用中激光功率可能有几瓦，而在勘测和识别物体时其功率只有几毫瓦。正在出现更多的 LIDAR 应用，包括自动导航和控制车辆以及自动控制 FSO 链路准直和性能。

参 考 文 献

1. S.V. Kartalopoulos, "A Global Multi Satellite Network", U.S. patent #5,602,838, 2/11/1997.
2. K. Shaik, "Atmosphere Propagation Effects Relevant to Optical Communications," TDA Progress Report, 42–94, pp. 180–200, Jet Propulsion Laboratory, Pasadena, CA, August, 1988.

3. S.V. Kartalopoulos, *DWDM: Networks, Devices and Technology*, IEEE/Wiley, 2003.

4. S.V. Kartalopoulos, *Introduction to DWDM Technology: Data in a Rainbow*, IEEE/Wiley, 2000.

5. ITU-T Recommendation G.652, *"Characteristics of a single-mode optical fibre cable"*, Oct. 2000 (Table G.652.C lists the parameters of the water-free fiber).

6. ITU-T Recommendation G.692, "Optical interfaces for Multi-channel Systems with Optical Amplifiers", Oct. 1998 (Appendix VII provides bidirectional WDM transmission recommendations, Appendix VIII transmission of 16 and 32 channels), and Corrigentum 1, Jan. 2000.

7. ITU-T Recommendation G.694.1, "Spectral Grids for WDM Applications: DWDM Frequency Grid", 5/2002.

8. ITU-T Recommendation G.694.2, "Spectral Grids for WDM Applications: CWDM Wavelength Grid", 6/2002 Draft.

9. B.E.A. Saleh and M.C. Teich, *Fundamentals of Photonics*, John Wiley & Sons, New York, 1991.

10. F. Pampaloni and J. Enderlein (2004). "Gaussian, Hermite-Gaussian, and Laguerre-Gaussian beams: A primer". *ArXiv:physics/0410021*. http://arxiv.org/abs/physics/0410021.

11. A Tutorial on Gaussian Beam Optics, Newport: http://www.newport.com/servicesupport/Tutorials/default.aspx?id=122; Retrieved Jan 2011.

12. L. Andrews, R.L. Philips, and C.Y. Hopen, *Laser Beam Scintillation with Applications*, SPIE Press, 2001.

13. ANSI Z136.1-1993, "American National Standard for Safe Use of Lasers".

14. *U.S. Standard Atmosphere*, U.S. Government Printing Office, Washington, D.C., 1976. Also in http://ntrs.nasa.gov/archive/nasa/casi.ntrs.nasa.gov/19770009539_1977009539.pdf.

15. F.K. Lutgens and E.J. Tarbuck, *The Atmosphere*, Prentice Hall, 1995.

16. ITU-R Recommendation P.530-11, "Propagation data and prediction methods required for the design of terrestrial line-of-sight systems," International Telecommunication Union, Geneva, 2005.

17. B.A. Bodhaine, N.B. Wood, E.G. Dutton, and J.R. Slusser, "On Rayleigh Optical Depth Calculations," *Journal of Atmospheric and Oceanic Technology*, vol. 16, issue 11, pp. 1854–1861, Nov. 1999. Good historical overview of refractive index modeling.

18. H. Barrell and J.E. Sears, "The Refraction and Dispersion of Air for the Visible Spectrum," *Philosophical Tranactions of the Royal Society A*, vol. 238, pp. 6–62, 1939.

19. B. Edlén, "Dispersion of standard air," *Journal of the Optical Society of America*, vol. 43, pp. 339–344, 1953.

20. B. Edlén, "The refractive index of air," *Metrologia*, vol. 2, pp. 71–80, 1966.

21. J.C. Owens, "Optical refractive index of air: dependence on pressure, temperature and composition," *Applied Optics*, vol. 6, pp. 51–59, 1967.

22. E.R. Peck and K. Reeder, "Dispersion of air," *Journal of the Optical Society of America*, vol. 62, pp. 958–962, 1972.

23. J.W. Marini and C.W. Murray, Jr, *Correction of laser range tracking data for atmospheric refraction at elevations above 10 degrees*, NASA-TM-X-70555, 1973.

24. C.S. Gardner, *Correction of laser tracking data for the effects of horizontal refractivity gradients*, Applied Optics, vol. 16, pp. 2427–2432, 1977.

25. F.E. Jones, "The refractivity of air," *Journal Research NBS*, vol. 86, pp. 27–32, 1981.

26. P.E. Ciddor, "Refractive index of air: new equations for the visible and near infrared," *Applied Optics*, vol. 35, pp. 1566–1573, 1996.

27. P.E. Ciddor and R.J. Hill, "Refractive index of air," *Applied Optics*, vol. 38, pp. 1663–1667, 1999.

28. V. Mendes, *Modeling the neutral-atmosphere propagation delay in radiometric space techniques*, PhD. thesis, University of New Brunswick, 1999.

29. H. Yan and G. Wang, "New consideration of atmospheric refraction in laser ranging data," *Monthly Notices of the Royal Astronomical Society*, vol. 307, pp. 605–610, 1999.

30. Y.S. Galkin, R. Tatevian, and L. Blank, *Correction of the water vapour absorption line effect for EDM with infrared emitting diodes*, 22nd General Assembly of the International Union of Geodesy and Geophysics (IUGG), 1999.

31. P.E. Ciddor, "Refractive Index of Air: 3. The Roles of CO_2, H_2O, and Refractivity Virials", *Applied Optics*, vol. 41, pp. 2292–2298, 2002.

32. V.A. Rakov and M.A. Uman, *Lightning Physics and Effects*, Cambridge Univ. Press, 2003.

33. T.F. Malone, Ed, *Compendium of Meteorology*, American Meteorological Society, Boston, Mass, 1951.

34. N. Never, *Air Pollution Control Engineering*, McGraw-HILL, Singapore, 1995.

35. E.R. Cohen and B.N. Taylor, *Journal of Research National Bureau of Standards*, vol. 92, pp. 85–95, 1987. (International Union of Pure and Applied Chemistry (IUPAC))

36. ITU-R Recommendation P.618-7, 2001, "Propagation Data and Prediction Methods Required for the Design of Earth-Space Telecommunication Systems".

37. H. Hemmati, *Deep Space Optical Communications*, John Wiley & Sons, 2006.

38. P.W. Kruse and al., "Elements of infrared technology: Generation, transmission and detection", J. Wiley and sons, New York, 1962.

39. A.G. Longley, "Radio propagation in urban areas," OT Report 78–144, Apr. 1978.

40. A.G. Longley, "Local variability of transmission loss-land mobile and broadcast systems", OT Report, May 1976.

41. OET BULLETIN No. 69, *Longley-Rice Methodology for Evaluating TV Coverage and Interference*, February 2006; it provides guidance on the implementation and use of Longley-Rice methodology.

42. http://www.v-soft.com/probe/probeIIgalary.htm provides a gallery of map studies using the Longley-Rice model. Retrieved Nov 23, 2010.

43. P.W. Kruse, L. McGlauchlin, and O.H. Vaughan, *Elements of Infrared Technology: Generation, Transmission and Detection*, John Wiley & Sons, New York, 1962.

44. R.M. Pierce, J. Ramaprasad, and E. Eisenberg, "Optical Attenuation in Fog and Clouds," *Optical Wireless Communications IV, Proceedings of SPIE*, vol. 4530, pp. 58–71, 2001.

45. I.I. Kim, B. McArthur, and E. Korevaar, "Comparison of laser beam propagation at 785 nm and 1550 nm in fog and haze for optical wireless communications," *Proc. SPIE*, 4214, 26–37, 2001.

46. M. Al Naboulsi, H. Sizun, and F. de Fornel, Fog Attenuation Prediction for Optical and Infrared Waves, Journal SPIE, International Society for Optical Engineering, 2003.

47. M. Gebbart, E. Leitgeb, M. Al Naboulsi, H. Sizun, and F. de Fornel, Measurements of light attenuation at different wavelengths in dense fog conditions for FSO applications, STSM-7, COST270, 2004.

48. S.S. Muhammad, B. Flecker, E. Leitgeb, and M. Gebhart, "Characterization of fog attenuation in terrestrial free space optical links," *Journal of Optical Engineering*, vol. 46, no. 4. Paper. 066001, June 2007.

49. M.S. Awan, L.C. Horwath, S.S. Muhammad, E. Leitgeb, F. Nadeem, and M.S. Khan, "Characterization of Fog and Snow Attenuations for Free-Space Optical Propagation," *Journal of Communications*, vol. 4, no. 8, pp. 533–545, September 2009.

50. M. Akiba, K. Wakamori, and S. Ito, "*Measurement of optical propagation characteristics for free-space optical communications during rainfall*", IEICE Transactions on Communications E87-B, 2053–2056 (2004).

51. D. Atlas, "Shorter Contribution Optical Extinction by Rainfall," *J. Meteorology*, vol. 10, pp. 486–488, 1953.

52. ITU-R Recommendation P.839-3, "Rain height model for prediction models", International Telecommunication Union, Geneva, 2001.

53. ITU-R, "Development towards a model for combined rain and sleet attenuation", ITUR Document 3M/62E, International Telecommunication Union, Geneva, 2002.

54. ITU-R Recommendation P.837-4, "Characteristics of precipitation for propagation modeling", International Telecommunication Union, Geneva, 2003.

55. H.W. O'Brien, "Visibility and Light Attenuation in Falling Snow," *Journal of Applied Meteorology*, vol. 9, pp. 671–683, 1970.

56. H.C. van de Hulst, *Light scattering by small particles*, New York, Dover, 1981.

57. M. Kerker, *The scattering of light and other electromagnetic radiation*, Academic Press, New York, 1969.

58. C.F. Bohren and D.R. Huffmann, *Absorption and scattering of light by small particles*, John Wiley-Interscience, New York, 1983.

59. P.W. Barber and S.S. Hill, *Light scattering by particles: Computational methods*, World Scientific, Singapore, 1990.

60. D. Atlas, M. Kerker, and W. Hitschfeld, "Scattering and attenuation by nonspherical atmospheric particles," *Journal for Atmospheric and Terrestrial Physics*, vol. 3, pp. 108–119, 1953.

61. M. Sneep and W. Ubachs, "Direct measurement of the Rayleigh scattering cross section in various gases," *Journal of Quantitative Spectroscopy and Radiative Transfer*, vol. 92, p. 293, 2005.

62. G. Mie, "Beiträge zur Optik trüber Medien, speziell kolloidaler Metallösungen," *Leipzig, Ann. Phys*, vol. 330, pp. 377–445, 1908.

63. L.C. Andrews and R.L. Phillips, *Laser Beam Propagation through Random Media*, 2nd ed., SPIE SPIE Press, 2005.

64. *Encyclopedia of Optical Engineering*, Volume 3, R.G. Driggers, Editor, CRC Press, 2003.

65. J. Sala, M. Lamarca, J. A. Lopez, F. Rey, J. Riba, G. Vazquez, X. Villares, A. M. Jalon, and P. Rodrıguez, "A Rain and Scintillation Ka-band Channel Simulator", 10th International Workshop on Signal Processing for Space Communications (SPSC 2008), 6–8 October 2008, Rhodes Island, Greece. Paper also available at: http://www.gts.tsc.uvigo.es/gpsc/sproactive/Documents/Papers/SPSC08.pdf.

66. L.C. Andrews, R.L. Phillips, and C.Y. Hopen, *Laser Beam Scintillation with Applications*, SPIE Press, 2001.

67. M. Sun and Z. Lu, "Speckle suppression with a rotating light pipe," *Optical Engineering*, vol. 49, no. 2, paper 024202, February 2010.

68. J.A. Dutton, *The Ceaseless Wind: An Introduction to the Theory of Atmospheric Motion*, Dover Publications, New York, 1986.

69. L.C. Andrews, et al., "Beam wander effects on the scintillation index of a focused beam," *SPIE*, vol. 5793, 2005.

70. http://home.iitk.ac.in/~blohani/LiDAR_Tutorial/Airborne_AltimetricLidar_Tutorial.htm provides a quick tutorial of LIDARs and their applications. Retrieved Nov. 23, 2010.

71. http://www-calipso.larc.nasa.gov/ provides a description of the Cloud-Aerosol Lidar and Infrared Pathfinder Satellite Observation (CALIPSO) satellite used for measurements of clouds and atmospheric aerosols (airborne particles) that play a role in regulating Earth's weather, climate, and air quality.

72. http://ramanlidar.gsfc.nasa.gov/ describes NASA's Raman LIDAR for measuring water vapor, aerosols and other atmospheric species.

第2章

FSO 收发机设计

2.1 绪 论

FSO（自由空间光通信）是一项视距通信技术，利用调制的激光光波，其频率在无须授权的频谱内，通过大气传输多协议数据（声音、视频、音乐和数据）。FSO 主要应用在需要建立半永久性或快到大约一天左右的工作链路而又没有光纤基础设施的地方，这种应用适合于企业、短期的通信需要、灾区、光纤安装不经济以及严重的大气现象（浓雾、烟雾和雪）不常见的地方。

当前，FSO 研究和发展的焦点是进一步提高网状拓扑网络的数据速率和拓宽链路距离。其中要处理的技术挑战是太阳光辐射的最小化、在不利的温度极限下工作、精确的激光束指向、在每个节点处多个收发机间的校准管理和校准保持（称为自动跟踪功能）、安全性（数据和网络）和通信协议。

本章聚焦于构成收发机的组件技术并解决与节点设计有关的问题。

2.2 光源

2.2.1 激光器按工作距离分类

第 1 章（1.2.13）从安全角度，列出了旧的和修订后的激光器分类。通信中，激光器同样按照其工作距离进行分类，该距离是指光功率足以被探测到的最大距离。显然，给定光纤，较长的传输距离意味着更大的激光功率。因此，通信中，激光器分类如下：

（1）超长距离，如果驱动光功率足以达到在 SMF 中传输 80km（激光器）。

（2）长距离，如果驱动光功率足以达到在 SMF 中传输 40km（激光器）。

（3）中距离，如果驱动光功率足以达到在 MMF 或 SMF 中传输 15km（激光器）。

（4）短距离，如果驱动光功率足以达到在 SMF 中传输 2km（激光器）。

（5）超短距离，如果驱动光功率不足以达到在 MMF 或平坦塑料光纤中传输

1km（LEDs）。

练习1： FSO 应用中使用了 MMF 应用中的短距离激光器。在 MMF 中，1310nm 处的衰减是 1 dB/km。若雾天的大气衰减为 20 dB/km，估算最大 FSO 链路长度。假设所有其他的因素都不重要。

解答1： MMF 中的短距离激光器定义为少于 2km。MMF 中的衰减常数为 1dB/km。若雾致衰减为 20dB/km，则发出的激光束通过雾时将有 2/20km = 0.1km。

练习2：若练习1中，还考虑了发散光束，那么，会影响通过雾时计算的链路长度吗？

解答2：由于发散光束的功率密度随离开光源路程的增加呈指数下降，所以当接收机移近光源时，光功率也将呈指数上升。因此，实际链路长度远大于 0.1km。

2.2.2 激光源参数

TUT – T 建议 G. 650 定义了许多光器件的参数。这里增加了与光源相关的参数列表。有些参数在第 1 章已经描述过，接下来给出其余参数的描述。

（1）光输出功率，P_o。

（2）光中心波长，λ_0。

（3）信道间隔，$\Delta\lambda$。

（4）截止波长（调谐光源）。

（5）光谱宽度（调谐光源）。

（6）线宽，$\delta\lambda$。

（7）光束剖面：横截面分布和模式。

（8）光束发散角。

（9）调制深度（调制光源）。

（10）比特率（最小值 – 最大值；调制光源）。

（11）光源噪声。

（12）光源啁啾。

（13）依赖偏置的波长和功率。

（14）依赖温度的波长和功率。

2.2.3 发光二极管

发光二极管（LED）是一个单片集成的 p – n 半导体器件，其特性与普通的半导体二极管类似。当 p – n 结正向偏置，p – n 结电子空穴复合过程中释放能量，若有足够的能量则能辐射出光形式的能量（光子），若能量不足则产生热形式的能量。光子总数取决于正向偏置的大小。

复合是一个统计随机事件，因此 LED 光是不相干的。光功率以相对较大的锥角从器件边缘发出，其幅度取决于电流密度，也取决于电子浓度和应用电压。在电方面，LED 表现出与普通二极管相同的 $I-V$ 特性。此外，定义一个阈值，当低于此值时，光功率可忽略不计。

LED 的开关速度取决于复合率 R，其表达式为

$$R = J/(de) \tag{2.1}$$

式中：J 是电流密度（A/m^2），d 是复合区的厚度，e 是电子电荷。

LED 输出功率的表达式为

$$P_{out} = \left\{ (\eta hc)/(e\lambda) \right\} I \tag{2.2}$$

式中：I 为 LED 驱动电流（A）；η 为量子效率（相对复合/总计复合）；h 为普朗克常量；e 为电子电荷；λ 为光波长。

LED 输出光谱是发射波长的范围。这取决于 PN 结绝对温度（即随着温度上升，范围变宽）和辐射波长 λ：

$$\Delta\lambda = 3.3(kT/h)(\lambda^2/c) \tag{2.3}$$

式中：T 为 PN 结绝对温度；c 为光速；k 为玻耳兹曼常量；h 为普朗克常量。

温度对 LED 器件的稳定性有着不利影响。随着温度上升，LED 的波长会偏移，其强度会降低，见图 2.1。

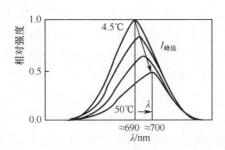

图 2.1 激光器的效率和精度取决于温度。

强度降低会减弱信噪比以及传输信号到长光纤距离的能力，而且波长偏移对串扰有不利影响，会使误码率增加。

调制电流密度 J 的表达式为

$$J = J_0 + J_0 m_j \exp(j\omega t) \tag{2.4}$$

式中：J_0 为稳定态电流密度；m_j 为调制深度；ω 为调制频率。这个电流通过 PN 调制电子密度差，$\Delta n = n - n_0$（n_0 是无偏置电流时平衡时的电子密度）为

$$\Delta n = N_0 \left\{ 1 + M_N \exp\left[j(\omega t - \theta) \right] \right\} \tag{2.5}$$

式中：N_0 为稳定态电子密度；M_N 为电子调制深度；θ 为相移。微分 $d(\Delta n)/dt$ 得到用输出调制响应项 M_N 表示的输出功率调制指数 I_M 为

$$I_M = M_N \exp(-j\theta) = m_j/(1 + j\omega\tau_r) \tag{2.6}$$

式中：τ_r 为电子空穴复合时间。

与一阶低通（LP）滤波器的调制响应相比，可看出它们的传输函数是相同的。因此，可像研究低通滤波器那样研究调制响应，从而得到3dB调制带宽：

$$\omega_{3dB} = 1/\tau_r \tag{2.7}$$

基于以上分析，LED 的显著特征和其应用性可总结如下：

（1）带宽取决于器件材料。

（2）光功率取决于电流密度（即运行的 $V-I$ 点）。

（3）光功率和光谱取决于温度。

（4）辐射光是不相干的。

（5）相对低速器件（<1Gb/s）；通信中可能只用于低速率。

（6）相对宽的锥形光束发射角；可能只用于多模光纤（MMF）通信。

（7）表现出相对宽的光谱范围。

（8）便宜。

（9）已制造出发红、绿、蓝和白光的 LED，还发现了许多包括汽车和住宅等方面的应用；由于它们的功率损耗较低和辐射功率逐步增强，其应用持续增加。实际上，与磷光材料复合的 LED 已经在许多应用中取代了白炽灯泡。

2.2.4 激光器

LASER 是一个由首字母组成的缩写词，代表受激辐射光放大。它们是一些装置，其构成要素可能是气体（如 He-Ne）或掺杂的晶体（如含 0.05% 铬的红宝石），它们吸收电或电磁能量跃迁后处于一种半稳定的能量激发状态。当其他特定波长的光子通过材料时，激励处于激发状态的活跃原子，这些活跃原子释放出光子或声子能量，跃迁后处于较低能级。实际的激发和受激过程因不同的构成要素而不同并且激发和受激机理可能简单，也可能复杂。这完全取决于特殊电子/原子的量子能级、激发所用的能量以及受激需要的能量。图2.2给出了3能级、4能级和多能级系统的跃迁。

激光器中，受激光子进入称为谐振腔的区域，在此区域形成一束方向性强且相干的单色光。通过腔的端面时，其他方向传输的光子会丢失，从而对激光束没有任何贡献。

谐振腔有特定的尺寸，其中光滑的端面或光栅充当反射镜，形成一种选频机制产生窄谱光束。随着不断的能量泵浦以及激发或受激过程的持续，光增益阈值达到后，激光发射过程开始。因此，激光器有大的净增益，其大小取决于半导体的成分、结构、泵浦能量和反馈机制。

像所有的谐振腔，当满足条件 $\lambda = (2 \times L)/N$ 时，激光器的谐振腔可支持多频（波长），其中 N 是整数，L 是腔长。然而，波长的上下限与每个波长的幅度都取决于激光器的增益带宽，见图 2.3。

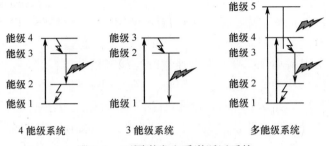

图 2.2 不同激发和受激跃迁系统

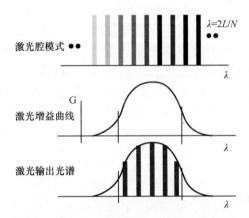

图 2.3 支持的频率取决于特定的激光器

理想情况，像第 1 章已讨论过的那样，产生的光束应该是强度对称分布。实际上，谐振腔决定着形成光束横截面的实际分布或传输模式，可能偏离理想情况产生更复杂的横截面。

半导体材料，如 AlGaAs 和 InGaAsP 等，产生的光子，其波长与二氧化硅光纤的低损耗区域对应，也与其他光组件兼容。这种结构的有源层，如条型 In-GaAsP，夹在 InP 的 n 型和 p 型层，被称为包层之间。加上偏置时，有源层中的空穴和电子复合释放出光，光的波长取决于有源材料的带隙能量。有源层的折射率远高于包层，因此包层限制了有源区的电子 – 空穴对和光子。有源区形成的谐振腔可提供已选光频（波长）的相干光子。这些光子是相干的（由于谐振腔），形成的光束有着很窄的圆锥发散角。在许多激光器中，产生的光束被导引，约95% 的光由器件前端面发出，余留光由后端面输出用于监测。前端面的输出功率与后端面的输出功率之比称为跟踪比。

激光器件有源区产生的激光束可直接或间接地被调制。若直接调制的速率（10Gb/s 或更高）很高，则可导致激光器的光学啁啾。光学啁啾可认为是中心波长附近处的谱线抖动。光学啁啾的发生是由于激光腔的折射率取决于驱动电流。随着驱动电流突然从逻辑 1 变化到逻辑 0，反之亦然，谐振腔特性及折射率也随之动态变化，从而导致波长的动态变化，这种动态变化展宽了激光线宽，称为光学啁啾。若使用外部调制器，在此情况下激光器发出连续波（CW），就可避免啁啾现象。当激光器和调制器（用 In + Ga + As + P 制造）整体集成在 InP 层上时，需要电隔离以最小化啁啾。在低速率时，啁啾较易于容忍。

对通信来说，器件的紧凑性非常重要，当前如激光器、滤波器、调制器、复用器和其他一些关键光功能组件，都是使用先进的集成方法把它们整合在一起，以制造出每块装置有更多功能的组件，使之有效地运行在很宽的温度范围。在所有的应用中，半导体激光器的波长和信号幅度的稳定性都是非常重要的。稳定性取决于材料、偏压和温度。在高速率应用中，使用热电冷却器以保持温度稳定在几分之一摄氏度以内，从而实现频率和幅度稳定。当然，这样会增加成本和功率损耗，在较高光功率和速率时的"冷却"器仍在研发中。

通信中使用的固定波长 CW 激光器典型输出功率范围：10～30mW，线宽好于 10MHz，单模抑制比（SMSR）小于 50dB，波长稳定性为 10 pm（+/−1.25 GHz）。此外，激光器可支持单横模（称为单模激光器），或单横模和单纵模（单频激光器），或者它们可能在几个频率同时振荡（多频激光器）。最后，激光器可能有单个固定频率或频率可调谐。

2.2.4.1　F-P 半导体激光器

F-P 半导体激光器是基于法布里-珀罗共振腔原理。F-P 激光器是由条状 p 型 AlGaAs 构成的半导体材料，条状 p 型 AlGaAs 既是一个有源区（用于激发和受激过程），又是一个光学波导（在一个方向导引光子）。简化的 F-P 激光器结构，如图 2.4 所示。

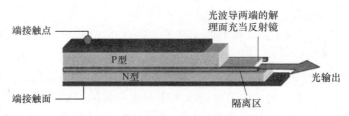

图 2.4　简化 F-P 半导体激光器

条形两端面是解理面，充当反射镜，其反射率：

$$R = \{(n-1)/(n+1)\}^2 \tag{2.8}$$

式中：n 为有源媒质的折射率。

由于法布里-珀罗共振腔支持多波长[1]，所以 F-P 激光器也支持多波长。因而，F-P 激光器可同时产生几个纵向频率（模式）。半导体激光器所用材料、频率间隔和 F – P 腔决定着激光器的频谱（频率范围），其中偏置电流决定着阈值频率。

对于有源区来说，若法布里 – 珀罗共振腔的两个反射镜都是外置的，那么两个镜子间的几何变化可使腔共振特性发生变化，使得产生的波长实现了可调谐性。

2.2.4.2　布拉格激光器

对于 法布里 – 珀罗共振腔，其两端反射镜的反射率和平整（滑）性不可能精确控制，都可导致激光光谱质量不能满足需求。使用布拉格光栅作为反射镜，可得到较窄的光谱。布拉格光栅可通过周期地改变有源区材料折射率，制作在有源区的任何一端。当然，由于布拉格光栅起到全反射镜的作用，置于有源区的正下方光波导，产生的光耦合到激光器的端面输出，如图 2.5 所示。这种激光器称为分布式布拉格反射镜（DBR）。

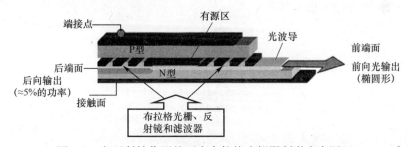

图 2.5　起反射镜作用的两个布拉格光栅限制激光有源区

分布式反馈（DFB）激光器是集成器件，内部结构基于 InGaAsP 波导和内部光栅技术，典型地，界面是 n – InP 底层和 n – InGaAsP 层，以产生取决于有源区面积和光栅的固定波长。DFB 结构可与多量子阱（MQW）结构结合以改善激光的线宽（窄到只有几百 kHz）。MQW 与二极管的结构类似，但有源区很薄只有几个原子层厚，见后续章节。

2.2.4.3　VCSEL 激光器

法布里 – 珀罗和布拉格激光器需要以 10mA 为量级的电流。此外，它们的输出光束横截面是椭圆形，垂直方向与水平方向大小之比，典型值是 3:1。幸运的是，增加的无源光学元件，如半圆柱形微透镜可把椭圆光束变为圆柱形。

半导体量子阱激光器（QWL）的有源结区为 $50 \sim 100\text{Å}$ 或 $5 \sim 10$ 个原子层薄。非常薄的层使用分子束外延（MBE）或金属有机化物化学汽相沉积法（MOCVD）使之增长。

有源层是夹在一个 p 型 $Al_x Ga_{1x} As$ 层和 n 型 $Al_y Ga_{1y} As$ 层中间的一个 GaAs 量子阱层。原则上，许多 p 型和 n 型 AlGaAs 以及量子阱 GaAs 层堆在一个厚的 n 型 GaAs 基底层上，然后，顶层是 p 型 GaAs 厚层。最后夹在两个金属电极（用 Au/

Zn 制造）之间，金属电极可施加偏置电压，并阻止光子从此处传输通过；Au/Zn 电极可被制作成半透明的或是全反射的。p 型和 n 型层可制作出布拉格反射镜。有多个量子阱的更复杂结构可制造出多量子阱激光器（MQWL 或 MQW）。其他结构基于铟磷化物[2-4]。

量子阱激光器有个非常有趣的特性。当复合产生光子时，偏压电流激发有源区并产生电子-空穴。产生的电子-空穴局限于几乎是在同一平面内移动，因此它们位于 p 型层和 n 型层之间很窄的能隙内。每个量子阱产生的电子-空穴对并不多，但由于它们所在的面积小，复合的概率高，因此会产生出光子。即小电流可产生足够数量的相干光子且全部在窄线宽内。此外，很薄的量子阱层导致释放的光子垂直地发出到层面，因此被称为面发射激光器（SEL）。还有，垂直结构的 SEL 引导或限制着光子，从器件顶面发出的几乎是圆柱形的光束，因此它也被称为垂直腔面发射激光器（VCSEL），见图 2.6，产生有着很小的发散角（< 3mrad）且几乎为圆柱形的光束。

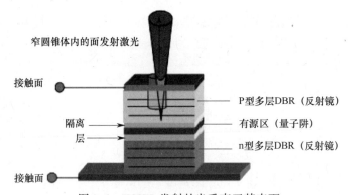

图 2.6　VCSEL 发射的光垂直于其表面

夹在两个布拉格反射镜之间的有源区构成一个垂直布拉格共振腔。布拉格反射镜和有源区决定着预期波长。例如，使用 In + Ga + As + P 的激光器，可产生的波长范围从 1300 ~ 1550nm。制造的其他 VCSEL 可发出波长范围 780 ~ 980nm，使它们适于用掺铒光纤放大器（EDFA）激光器泵浦[5]，或发出 850nm 的激光适于多模光纤的应用。与 DFB 激光器相比，VCSEL 的效率相对令人满意，为 25%。例如，要产生 VCSEL 用 15mA 得到的相同光强，DFB 就需要 60mA。因此，VCSEL 不需要像 DFB 那样控制温度。在 2.5Gb/s 处的直接调制 VCSEL 器件很常见，其输出光功率范围为 1 ~ 1.5mW。它们的输出取决于器件的结构、材料或制造商。然而，VCSEL 的输出功率低于 DFB，因此不适于远距离应用。由于 VCSEL 结构很紧凑（几个微米宽），它使自己非常紧密地集成于一体，提高 3 效费比。

2.2.4.4 掺钛蓝宝石激光器

晶体生长的进步使制造出高功率、易出光且低价的固态掺钛蓝宝石（钛：蓝宝石）激光器成为可能。固态激光器的功率、出光和价格取决于晶体纯度和人造掺钛蓝宝石块或制造宝石的梨形模的尺寸。当前，实际的宝石块直径为 20cm（200mm），以后若干年内预期可能达到该值的两倍（人造宝石块有着超大直径的黄瓜形状）。随后，人造宝石块将被切片以制造出有超大口径、薄约 1～2mm 的圆晶片。在每个单独的晶片上，可制造出许多激光器件，因此将均分所有的加工成本。

激光器件预期可在几个飞秒的短脉冲内达到 PW 的功率水平。预期掺钛蓝宝石激光器也将找到其特定的应用，包括通信（尤其是卫星间的 FSO）、医疗和其他领域。

2.2.4.5 激光器比较

不同的激光器满足不同的需求，有着不同的性价比模型。激光器可被冷却，也可不被冷却。它们可与调制器集成在一起，也可单独使用。它们的功率可高可低。它们可能发出薄圆形光束（几乎）或是椭圆光束。它们可被调谐或是波长固定。它们发光的线宽可窄或宽。它们适合长距或短距及其他应用。因此，不同类型间的公平对比不是一个简单过程，它需要专家鉴定。

2.3 调制器

某些光材料呈现出一些令人满意的特性：它们以一种实时可控方式，极大地影响其中传输的单色光的频率、相位、偏振或光强。这些材料可用作光调制器（调制器的不同技术见文献 [6-8]）。

有两种类型的调制器，间接调制和直接调制。

（1）间接调制器位于连续波激光器输出光束的直线上，随着光束穿过器件，当调制器加上调电信号时，就会影响光的特性。调制器与激光器光源可分开放置，也可与之集成在一体。

（2）通过应用已调电压直接控制激光器发出光的特性时，激光器本身就是直接调制器。然而，由于在很高速率时直接调制可能会导致啁啾、抖动以及噪声，所以一定要仔细设计激光器件以使这些损伤最小化。

描述光调制器性能的特征参数有光调制深、带宽、插入损耗、隔离度和功率。附加参数有：

（1）偏振依赖调制器灵敏度：它指的是调制器的透射率和性能依赖于已调光束的偏振态，也称为偏振灵敏度。

（2）频率响应：它指的是输出光功率下降到其最大值的一半时的频率，也称为3dB调制带宽。

（3）啁啾：它指相对于光信号中心频率，增加或增强频率（旁瓣）的幅度和总量。

（4）插入损耗：它指的是光信号的损耗。

2.3.1 幅度调制

对光通道的幅度（强度）调制进行分析可以解释高比特率速率（>10Gb/s）应用时，某些恶化现象。这里给出简单的调制情况以区别这些恶化现象。

对一个频率为 ω_c 的单色（频）信号，其幅度调制函数为 $g(t)$，则调制信号为

$$m(t) = g(t)\cos \omega_c t \tag{2.9}$$

通常，幅度调制函数 $g(t)$ 为

$$g(t) = [g_0 + mv(t)] \tag{2.10}$$

因此有

$$m(t) = [g_0 + mv(t)]\cos \omega_c t \tag{2.11}$$

式中：m 为调制指数（100%调制时等于1）；g_0 为简化的 DC 部分，可设为1；$v(t)$ 为调制函数。

取决于函数 $v(t)$，调制信号 $m(t)$ 可扩展为三项：

$$m(t) = g_0\cos \omega_c t + (m/2)[g_m\cos (\omega_c - \omega_m)t] \\ + (m/2)[g_m\cos (\omega_c + \omega_m)t] \tag{2.12}$$

这里已假设了一种简单情况，即 $v(t) = g_m\cos\omega_m t$。调制信号扩展产生了三项，一个主频（第一项）和两个边带，每个距离 ω_m 有 ω_c 远。

矢量表示中，后面的关系可写为：

$$m(t) = Re [e^{j\omega_c t} + (m/2)e^{j(\omega_c - \omega_m)t} + (m/2)e^{j(\omega_c - \omega_m)t}] \tag{2.13}$$

式中：Re 表示复指数形式的实数部分。如果 e^{xt} 项被认为是相位矢量，那么 $m(t)$ 包含三项，一个静止项和两个相对旋转项，三者之和产生了调制信号。如果载波的幅度一致，那么每个边带的功率均为 $m^2/4$ 并且二者之和为 $m^2/2$。

基于此，在某些恶化情况下，可能会发生有趣的恶化，若下边带频率 $(\omega_c - \omega_m)$ 顺时针频移 $\theta°$，上边带 $(\omega_c + \omega_m)$ 顺时针频移 $180 - \theta°$，则合成矢量表现为相位调制波，调幅度大大抵消，即调制指数变为0。很明显，当位于两者之间的情况时，调制指数的恶化是部分的。

在光传输中，两个边带表示不同的波长，λ_1 对应于 $(\omega_c - \omega_m)$，λ_2 对应于 $(\omega_c + \omega_m)$，若存在色散，这两个波长以不同速度传输，且有不同的相位。必然地，在某些条件下，可以预见开关键控（OOK）调制会触发一些有趣的现象。

幅移键控（ASK）和 OOK 调制方法的比特误码概率由信号电平 S 和噪声电

平 N 给出：

$$\text{ASK}（相干）：P_e = (1/2)\,\text{erfc}\,\sqrt{[S/(4N)]} \tag{2.14}$$

以及

$$\text{OOK}：P_e = (1/2)\,\text{erfc}\,\sqrt{S/N} \tag{2.15}$$

式中：erfc 为互补误差函数，其值可由数学表得到。表 2.1 列出了一些 BER 及对应的 SNR 近似值。

表 2.1　对应于 SNR（dB）的 BER 值

BER	SNR （dB）
10^{-10}	19.4
10^{-9}	18.6
10^{-8}	18
10^{-7}	17.3
10^{-6}	16.4
10^{-5}	15.3

例如：在 ASK（相干）情况下，若 $S/N = 18\text{dB}$，计算概率误差。

解答：S/N 功率比的计算式为 $18(\text{dB}) = 10\lg x$，因此可得 $x = 63.36$。由此可计算得到概率误差：

$$
\begin{aligned}
Pe &= (1/2)\,\text{erfc}(\sqrt{[63.36/4]}) = (1/2)\,\text{erfc}(\sqrt{(15.84)}) \\
&= (1/2)\,\text{erfc}(3.98) = (1/2)[1.8 \times 10^{-8}] = 9 \times 10^{-9}
\end{aligned} \tag{2.16}
$$

2.4　光检测器和接收机

光检测器就是传感器，根据入射于其上的光子数量引起其参数之一发生变化。光可能影响传导性（光敏电阻器）、电化学特性（视网膜的光棒和光锥），或产生的电子 – 空穴对的数量（光电二极管）。

光电二极管是类似于二极管的半导体器件，其结层可暴露于外界光中。半导体光电二极管中，当光子与 p – n 结相互作用时，电子会从价带激发到导带，从而价带中只留下一个带正电的空穴。当然，光电二极管的响应时间和灵敏度，或每个光子产生空穴 – 电子对的能力，随光电二极管的类型不同而有所区别。

半导体光电二极管有许多优点，已在诸多应用中使用。它们性价比高，对从 PW 到 mW 的光功率均能产生可测量的电流，响应波长从 190 ~ 2000nm，响应快（快至 10ps），价格便宜，且可制造出小尺寸或超大尺寸（大至 10 cm²）。但在非常低的光功率水平时，热噪声可能是个问题，要考虑信噪比的大小。

通信中，快速响应、光谱灵敏、功率灵敏和低暗电流都是非常重要的特征。由于硅和铟 – 镓 – 砷（InGaAs）在近 IR 范围内有很宽的光谱响应，非常适于光通信，因此它们是光检测器中最常用的两种材料。硅光电二极管的响应范围是190～1100nm，而InGaAs的响应范围是800～1800nm。其他复合物的响应范围是IR。

铑的响应波长为1600nm，也很合适，但由于其表现出有高暗电流值的噪声，因此并未广泛使用。由于这些材料的光谱响应宽，且不选择特定的波长，因此在波分复用（WDM）的应用中[9]，要使用外部调谐带通滤波器以选择特定波长。

特别地，期望有高的光谱灵敏度、超快响应时间（快速上升和下降时间）以及响应波长范围与传输波长范围相匹配的光检测器。这样的光检测器是p型－本征－n型（PIN）光二极管和雪崩光二极管（APD）。

固态光检测器的原理是基于p－n结的电势分布以及穿透其中的光子能量。例如，当p型和n型半导体材料电接触时，则两者的费米能级排成一行，两种材料的导带和价带电平不再排列在相同电平（p高些），因此在这两种材料间会产生势差（或漂移空间），称为耗尽层。p型半导体材料的费米能级在导带层和价带层之间且更接近于后者；而对于n型，则更接近于导带层。价带和导带能带间的能量不同，称为带隙，晶体不同，带隙值不同。例如，铑为0.67eV，硅为1.12eV，InP为1.35eV，而GaAs为1.42eV。因此，当p导带电平中的电子被激发，漂移到n导带电平，就会在两者之间的产生势差。通过外加正向偏压，可使两者电平排列成一线，或用反向偏压使它们相距更远，即外部电压能控制二者电平之间距离从而产生导电。

2.4.1　截止波长

在某些p－n结，光子激发电子从价带跃到导带。显然，激发能量一定要等于价带和导带间的带隙能量 E_g，这个带隙定义为最小光子能量，或最长波长（称为临界或截止波长），超过此带隙后，无论发生激发或是吸收，对光子而言，p－n结都是透明的。

最长波长（或临界波长）由关系式 $E_g = h\nu = hc/\lambda$ 得出，其中，$hc = 1.24eV \cdot \mu m$，λ 是临界波长。对所有材料（铑、铟、磷、砷和镓等）来说，E_g 并不相同，临界波长取决于包含p－n结的材料类型。还有一些能吸收光的复合材料用于光检测材料，如ZnSe、GaAs、CdS、InP和InAs等。但在光纤通信中，只使用吸收波长范围在0.8～1.65μm内光子的那些材料。例如，对GaAs，E_g 约为1.42eV，因此截止波长为1.24（eV·μm）/1.42（eV）＝0.87μm。即当波长远大于0.87μm时，GaAs是透明的，因此无法检测到它们。GaAs检测波长远小于870mm的FSO，而InGaAs可检测更长的波长。

随着电子被光子激发至导带电平，它们漂移至耗尽层。当然，这些电子的传输速度取决于横穿漂移空间（或耗尽层）的势差，而PN结的物理长度取决于由复合材料的原子排列决定的晶格常数，这些电子的流动形成了光电流。

2.4.2　光检测器参数

基于以上分析，通信中最重要的光检测器参数有：光谱响应、光子灵敏度、量子效率、暗电流、前向偏置噪声、噪声等效功率、结电容、响应时间（上升时间和下降时间）、频率带宽和截止频率。它们的定义如下：

（1）光谱响应与入射光波的波长有关，不同的光波长产生不同的电流大小。不同材料对电磁辐射有不同的响应。硅检测器对短波长（$0.5 \sim 1.2 \mu m$）响应较佳，它们与集成的硅器件兼容，价格便宜，但它们对 $1.3 \sim 1.6 \mu m$ 的 DWDM 波长范围表现不足；而 InSb 响应 $0.5 \sim 5.1 \mu m$ 较宽范围的光谱。

（2）光灵敏度是入射到器件上的光功率（以 W 为单位）与产生的电流（以 A 为单位）的比值，也称为响应度（用 A/W 度量）。

（3）绝对光谱功率响应度是光检测器的输出光电流（以 A 为单位）与光检测器输入处的光谱辐照度（以 W 为单位）的比值。

（4）灵敏度（以 dBm 为单位）是接收机（在某个误码率（BER）条件下）检测到的最小输入光功率。

（5）量子效率是产生的电子 – 空穴对数除光子数。

（6）3dB 带宽是输出光电流幅度降至其最大值一半时的频率范围（摆幅）。

（7）暗电流是当二极管反向偏置时，在没有任何光（即黑暗）时，流过光二极管的电流量。这是反向偏置条件下的噪声源。

（8）前向偏置噪声是与器件关断电阻有关的噪声（电流）源。关断电阻定义为电压（接近 0V）与产生电流量的比值。这也被称为分流电阻噪声。

（9）噪声等效功率定义为等于器件噪声电平时的光功率（对给定波长）。

（10）光检测器的响应时间定义为输出信号的幅度从 10% 变为 90%（也称为上升时间）或从 90% 变为 10%（也称为下降时间）的时间间隔。

（11）结电容是从二极管的 p – n 结到器件电极之间的电容值，它限制着光检测器的响应时间。

（12）频率带宽定义为光检测器能检测的频率（或波长）范围。频率范围的大小可由最大功率电平对应波长得到，在以 dB 为单位测量功率下降，如 3dB，或以百分比为单位测量功率下降，如 10% 时对应的光波长。

（13）截止频率是光检测器（意谓着）敏感的最高频率（最短波长）。

基于这些定义，光检测器的散弹噪声电流 I_{S-N} 可由以下关系式表达：

$$I_{S-N} = \sqrt{[2e(I_{dark} + I_{ph})B]} \tag{2.17}$$

式中：I_{dark} 为没有光信号时的电流，即暗电流；I_{ph} 为由光信号产生的光电流；B 为光检测器的带宽（单位是 MHz）。

类似地，当产生的电流经过负载电阻时，就会产生热噪声电流 I_{Th-N}，其平均值的表达式为

$$I_{Th-N} = \sqrt{[4kTB/R]} \tag{2.18}$$

式中：T 为温度（单位是 K）；B 为光检测器的带宽；k 为玻耳兹曼常数；R 为负载电阻。

如果信号功率用光电流和负载电阻项来表达，那么信噪比 SNR 可写为

$$SNR = 10\lg[信号功率 / 总计噪声功率]$$
$$= 10\lg[I_{ph}^2 / (I_{S-N}^2 + I_{Th-N}^2)](dB) \tag{2.19}$$

这个关系式假设输入信号不受噪声影响。实际上，输入的光信号已包含了光噪声。因此，在计算实际的 SNR 时，总计噪声功率中需要包含光噪声。

2.4.3 PIN 光电二极管

PIN 半导体光电二极管由夹在 p 型和 n 型之间的本征区域（轻掺杂）组成。当它反向偏置时，其内部阻抗几乎无穷大（像断路），输出电流与输入光功率成比例。

用输入 – 输出关系定义光电二极管的响应度 R 和量子效率 η，分别为

$$R = (输出电流 I)/(输入光功率 P)(A/W) \tag{2.20}$$

以及

$$\eta = (输出电子数)/(输入光子数) \tag{2.21}$$

R 和 η 的数值关系式为

$$R = (e\eta)/(hV) \tag{2.22}$$

式中：e 为电子电荷；h 为普朗克常量；ν 为频率。

当一个光子产生一对电子 – 空穴对时，PIN 产生一个电流脉冲，此脉冲的持续时间和形状取决于 PIN 器件的 R – C 时间常数。反向偏置 PIN 光电二极管的电容是响应（和开关）速度的限制因素。

低速率（< Gb/s）时，可忽略 PIN 的寄生电感。当然，若速率超过吉比特每秒，寄生电感变得非常重要，并会导致"散弹噪声"。

2.4.4 APD 光电二极管

雪崩二极管（APD）是半导体器件，其运行等效于光电倍增器。它包含两层半导体，其中上层掺杂 n，下层重掺杂 p。在 PN 结中，电荷迁移（从掺 n 层来的电子和从掺 p 层来的空穴）会产生耗尽区。由于正电荷和负电荷的分布，在 p 层方向产生了电场。

当加上反向偏置且没有光入射在器件上时，由电子热运动产生的电流，称为"暗电流"，很明显就是噪声。如果反向偏置器件暴露于光中，光子到达 p 层，将

引起电子－空穴对。然而，由于 APD 结层的强电场，电子－空穴对流经结层时是加速模式。实际上，电子获得足够的能量会产生二次电子－空穴对，依次会产生更多，由此就会发生雪崩过程，与光电倍增器类似，将会产生大量电流。但是，若偏置电压低于击穿点，由产生的电子组合的电荷会产生势能以阻碍雪崩机制，由此就不会发生雪崩。若偏置高于击穿电压，那么雪崩过程就会持续，单个光子就能得到巨大的电流。

APD 用 Si、InGaAs 或 Ge 制造，APD 结构有不同类型：

（1）深度扩散型，有着比 p 层深的 n 层和电阻率，使得击穿电压较高，约2kV。因此会产生较宽的耗尽层，产生的电子多于空穴，暗电流较弱。通常，这种类型的 APD 在波长短于 900nm 时有较高的增益，开关速度不会快于 10ns。在较长波长（>900nm）时，速度上升但增益降低。

（2）透过型，有着较窄的结层，因此光子传输的距离非常短，直至被 p 型吸收以产生电子－空穴对。这种器件有着均匀的增益、低噪声和快速响应。

（3）超离子体型，类似于透过型的结构，以使加速电场逐渐增加。因此，可得到较少数量的电离子空穴与电子的比值，从而提高增益、载波移动性（电子比空穴快）以及开关速度。

在这个倍增（雪崩）过程中，散弹噪声也倍增，其估量值为

$$散弹噪声 = 2eIG^2F \tag{2.23}$$

式中：F 为 APD 噪声因子；G 为 APD 增益，其表达式为

$$G = I_{APD}/I_{Primary} \tag{2.24}$$

式中：I_{APD} 为 APD 输出电流；$I_{Primary}$ 为由于光电反转产生的电流。

若 τ 是通过雪崩区的有效传输时间，那么 APD 带宽就可近似为

$$B_{APD} = 1/(2\pi G_\tau) \tag{2.25}$$

APD 输出信号电流 I_o 为

$$I_o = G \cdot R_o \cdot P_i \tag{2.26}$$

式中：R_O 为 APD 在增益 $G = 1$ 且波长为 λ 时的本征响应度；G 为 APD 的增益；P_i 为输入光功率。增益是 APD 反转电压 V_R 的函数，随应用偏压的变化而变化。

APD 可用硅、锗或铟－镓－砷化物来制造。当然，所有类型的性能和特性并不相同。材料的类型决定着器件的响应度、增益、噪声和开关速度。例如，铟－镓－砷化物在 900～1700nm（适于通信）的范围内响应好，噪声低，开关速度快，但相对较昂贵。硅的响应范围是 400～1100nm，其价格非常便宜，易于与其他硅器件集成于一体，而锗则位于这两者中间。

2.4.5　光检测器的品质因数

在光检测器性能评估中，有三个品质因数（FOM）非常重要，下面就是其概

要。光检测器制造商也提供其他特定的品质因数。

(1) 响应度：$(R) = V_s/(HA_d)(VW^{-1})$

(2) 噪声等效功率：$(NEP) = HA_d(V_n/V_s)(W)$

(3) 探测度：$(D) = 1/(NEP)(W^{-1})$

式中：V_s 为信号电压（V）的均方根（rms）；V_n 为 rms 噪声电压；A_d 为检测面积（cm^2）；H 为辐照度（Wcm^{-2}）。

通常，APD 光检测器的增益高于 PIN 光检测器，但 PIN 的开关速度远快于 APD，因此 PIN 被广泛应用于高速率（40Gb/s）检测，尤其是波导型 PIN 检测器，结合快速的开关速度，APD 可改善其高增益优势。

2.4.6　硅和 InGaAs 光检测器

2.4.6.1　硅光检测器

硅用于可见光和近 IR 波长范围内的光检测器，适于高数据率（10Gb/s）时的低光电平及高开关速度。由于许多其他光组件是用硅制作的，因此硅光检测器易于与组件集成，在如 10 GbE 的低成本应用中，硅光检测器就很常用。

硅检测器的典型光谱响应范围是 300～1100nm，最大灵敏度在 850nm 附件，因此适于短波长 VCSEL。但是，当波长高于 1000nm 时，硅灵敏度有明显下降，其截止波长为 1100nm。对较低带宽应用（1Gb/s），硅 PIN（Si – PIN）和硅 APD（Si – APD）检测器都很常用。Si – PIN 检测器还可与互阻抗放大器（TIAs）集成于一体。

Si – PIN 检测器灵敏度是信号调制带宽的函数，信号调制带宽随检测带宽的增加而降低。在 155Mb/s 时，Si – PIN 光电二极管的典型灵敏度值约为 – 34dBm。

由于内部放大（雪崩），Si – APD 的灵敏度更高。因此，Si – APD 检测器更适用 FSO 系统。在 155Mb/s 时，较高带宽应用的 Si – APD 的灵敏度值约为 – 52dBm。

2.4.6.2　InGaAs 光检测器

InGaAs 也是用于通信中的宽带检测器材料。与硅相比，InGaAs 检测器的响应更好，响应范围为从低于 1300nm 到高于 1620nm，其最大响应波长为 1550nm，有着低噪电流，几乎所有的光纤系统都使用 InGaAs 作为检测器材料。

InGaAs 接收机基于 PIN 或 APD。在这两者之间，由于内部放大（雪崩），InGaAs APD 的灵敏度更高。在 155Mb/s 和 1.25Gb/s 时，InGaAs APD 的典型灵敏度值分别在 – 46dBm 和 – 36dBm 附近。有较小封装尺寸的 InGaAs APD 检测器，可工作在很高数据率（10Gb/s 和 40Gb/s），它有着较短的结层和较短的载波传输时间。但是，随着器件尺寸变得越来越小，器件孔径也越来越小，从而给光耦合带来更多的挑战。

2.4.6.3 锗光检测器

Ge - APD 的响应范围从 800~1600nm，但它们的噪声电流高于 InGaAs - APD。然而，与 PIN 相比，在需要有更高速率和更高灵敏度的应用中，Ge - APD就非常有吸引力。

2.4.6.4 光检测器的选择

基于以上论述，最佳光检测器的选择有许多，硅、锗或 InGaAs、PIN 或 APD，可提供给工作于不同波长的 FSO 使用。可根据特定应用需求来确定哪种光检测器最佳。

通常，在中等到较高带宽时，APD 比 PIN 的灵敏度更高。

通信中，灵敏度和低光谱噪声与同光谱响应和增益一样也很重要。对 Si - APD，可得到的增益为 100~1000，而对 Ge - APD 和 InGaAs - APD 则为10~40。

与 APD 相比，相同量子效率时，PIN 检测器的信噪比好于 APD。

简言之，在 FSO 收发机和 FSO 链路性能设计中，成对的发射机 - 检测器的选择扮演着重要的角色。

2.5 光放大

相对较短距离（<2km）的点到点 FSO 链路中不需要光放大，因为针对激光器的发射功率，为了满足光检测器灵敏度的要求，考虑到介质在多数情况下的损耗和其他损耗（连接器损耗等），链路已进行了功率预算。但是在长距离链路中，一个或更多FSO 中继可能需要放大光信号直至其到达最终目的地。在这种情况下，可能需要使用光电光（OEO）放大系统或光到光（O - O）放大系统以实现光放大。

OEO 放大是个多级过程。传统上，O - E - O 首先把光信号转换为电信号，电信号经过定时、整形和放大（此操作称为3R）后，再次转换为光信号。这个过程也称为再生。尽管 O - E - O 再生器在技术上更为直接明了，但与 O - O 放大器相比，其花费太昂贵。

作为选择，直接光放大器（OA）可直接放大弱光信号，但它们不能完成所有 3R 功能。目前，应用于 FSO 的两个最好的放大方法是半导体光放大器（SOA）和光纤放大器（OFA）。

2.5.1 光放大器特性

光放大器主要的共性参数有增益、增益效率、增益带宽、增益饱和和噪声、偏振灵敏度和输出饱和功率。其他特性有对温度和其他环境条件的灵敏度（增益和光谱响应），如动态范围、串扰、噪声指数、物理尺寸和其他。

（1）增益是输出功率与输入功率的比值（用 dB 来度量）。

（2）增益效率是增益为输入功率（dB/mW）的函数。

（3）带宽是频率的函数，因此增益带宽是放大器有效放大的频率范围。

（4）增益饱和是放大器的最大输出功率，当超过最大输出功率时，尽管输入功率增加，输出功率也不会增加。

（5）噪声是放大器的固有特性。在电放大器中，噪声是由于电子－空穴对的（随机）自发复合产生了叠加在信息信号中且被放大的不想要的信号。在光放大器中，由于受激离子的自发辐射光产生的噪声，将进一步给予研究。

（6）偏振灵敏度是光放大器的增益对信号偏振的依赖。

（7）输出饱和功率定义为放大器增益下降 3dB 时的输出功率水平。

基于工作原理，OA 分类如下：

（1）半导体光放大器（SOA）。

（2）光纤放大器（OFA）。

（3）受激拉曼放大器（不适用于 FSO）。

（4）受激布里渊放大器（不适用于 FSO）。

本节讨论 O－O 放大器即半导体光放大器和掺杂光纤放大器[10-12]。

2.5.2 半导体光放大器

半导体光放大器基于传统的激光器原理，一个有源波导区夹在一个 p 区和一个 n 区中间。外加偏压激发此区域的离子，以产生电子－空穴对。接着，特定波长的光信号被耦合到有源波导区，受激现象发生，导致电子－空穴对复合并产生更多光子（与光信号的波长相同），从而光信号得到放大。为了在有源区得到光信号的最佳耦合效率，SOA 的端面已涂抗反射材料层。

电子－空穴对的受激过程和复合过程可用速率方程进行描述。不管怎样，要持续放大，电子－空穴产生的速率与复合的速率必须要平衡。这取决于许多参数，最主要的是依赖于有源区和偏压，以及载流子的密度和寿命。当出现光信号时，每个激励光子产生的复合电子－空穴对的数量，给出了 SOA 的光谱响应、光功率以及光谱增益的直接度量。放大增益 G 近似为

$$G = -12[(\lambda - \lambda_p)/\Delta\lambda]^2 + G_p \qquad (2.27)$$

式中：G_p 为响应波长为 λ_p 时的峰值增益；$\Delta\lambda$ 为增益带宽的半幅全宽（FWHM）；因子 12 为 $\Delta\lambda$ 定义的结果。

3dB 饱和输出功率 P_s 可定义为 λ 的函数，如下：

$$P_s = q_s(\lambda - \lambda_p) + P_{s-p} \qquad (2.28)$$

式中：q_s 为线性系数；P_{s-p} 是峰值增益波长 λ_p 处的 3dB 饱和输出功率。

SOA 根据其造构，可分类为

（1）半导体行波激光放大器。

（2）法布里 – 珀罗激光放大器。

（3）注入电流分布式反馈（DFB）激光放大器。

SOA 的显著特性有：

（1）高增益（25 ~ 30dB）。

（2）输出饱和功率的范围为 5 ~ +13dBm。

（3）非线性失真。

（4）宽带宽。

（5）光谱响应的波长区域为 0.8μm、1.3μm 和 1.5μm。

（6）SOA 由 InGaAsP 制成，因此它们是较小且紧凑的半导体，易于与其他半导体和光组件集成。

（7）SOA 可集成于阵列。

（8）偏振相关性。因此它们需要保偏光纤（偏振灵敏度为 0.5 ~ 1dB）。

（9）比 EDFA 有更高的噪声指数（超过 50nm 范围高于 6dB）。

（10）由于非线性现象（四波混频）产生了比 EDFA 高的串扰水平。

由于 SOA 是紧凑的固态器件，它们非线性的快速响应也可用于波长转换、再生和其他功能。

2.5.3　光纤放大器

光纤放大器（OFA）是大量掺杂了一种或多种稀土元素的特殊光纤。掺杂稀土的目的是吸收某一光谱范围内的光能量，并发射其他光谱范围，尤其是对光纤通信有用的波长范围（800 ~ 900nm 或 1300 ~ 1620nm）内的光能量。当然，每个元素都有其独特的吸收 – 辐射特性。例如，OFA 并不放大所有的光信号，只是放大由掺杂物类型决定的特定范围的信号，在放大光谱范围内，对所有波长也不会表现出精确的相同增益，后者定义为 OFA 的增益平坦度。通常，为了持续放大，激发速率应该小于或等于受激速率与自发辐射速率之和：

$$\mathrm{d}N_e/\mathrm{d}t \leqslant \mathrm{d}N_{st}/\mathrm{d}t + \mathrm{d}N_{sp}/\mathrm{d}t \tag{2.29}$$

式中：N_e 为激发到高能量的电子数量；N_{st} 为受激返回到低能量的电子数量，N_{sp} 为自发辐射产生的电子数量。更确切地说，激发/受激和放大过程简化为可由一系列不同速率方程来描述的问题。

用于光纤放大的有吸引力的稀土元素是 Nd^{3+} 和 Er^{3+}，其发射波长范围分别为 1.3μm 和 1.5μm。除了 Er 和 Nd，其他如 Ho、Te、Th、Tm、Yb 和 Pr 等稀土元素以及复合物（如 Er/Yb）也已用于光纤放大，每种光纤均工作在不同的光谱带，见图 2.7。

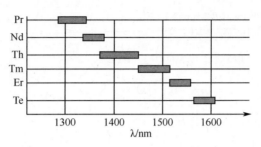

图 2.7 DFA 中用于放大相应光频带的不同元素

2.5.4 掺铒光纤放大器

掺铒光纤放大器（EDFA）是光通信中最常用的器件之一，由于其辐射光谱为 1530～1565nm，与 DWDM 中的 C – 频带匹配，还因为铒可由几个光频激发，波长分别为 514nm、532nm、667nm、800nm、980nm 和 1480nm，被称为泵浦；光纤通信中，这些波长中最后的两个波长是 EDFA 中最常用的泵浦光的波长。

最短波长 514nm，激发铒到可能的最高能级，铒从这个能级下降至四个中级亚稳态能级中的一个能级，从而辐射出光子（声学量子与光子等效）。对于其余激发波长，也会发生类似的量子活动，最长波长 1480nm，激发铒到最低亚稳态能级。当位于最低亚稳能级的铒降低至初始（基态）能级，发射 1530～1565nm 波长范围的光子。

当波长范围为 1530～1565nm 的光子通过受激 EDFA 时，最重要的是它激发铒原子，从最低亚稳能级发射与入射光子有相同波长的光子。结果是输出光子多于输入光子，由此发生了受激辐射光放大。更重要的是，当两个不同波长的光子（但在 C – 频带范围内）通过激发 EDFA 时，两个光子激励激发的铒原子都会被放大。然而，当相同 EDFA 放大许多波长时，EDFA 总增益被受激光子的波长共享。在这种情况下，若受激过程快于激发过程，EDFA 可能快速耗尽，此时放大过程就变得不稳定了。

980nm 泵浦光激发铒离子，在大约 1μs 后，激发离子降至最低亚稳能级，若被触发（或受激励），它们降至基态能级，发射出与触发光子波长相匹配的光子。然而，若它们并未被触发，那么在大约 10 ms（称为自发辐射寿命）后，它们自发从最低亚稳能级降至基态能级，发射范围在 1550nm 附近的光子，见图 2.8。很明显，在光通信中，这种自发辐射可表现为加性光噪声。相反，与铒的自发辐射寿命（ms）相比，1 Gb/s 的比特周期（ns）是很短的，又因为激发的铒原子受激时几乎是瞬间的，因此码间干扰就不是问题。

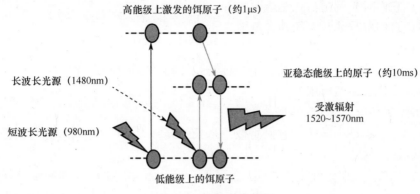

图 2.8　铒的激发能级

EDFA 的一些重要参数有：

（1）掺杂浓度。

（2）高能态铒的相对分布。

（3）高能态的寿命。

（4）EDFA 光纤的有效面积。

（5）EDFA 光纤的长度。

（6）吸收系数。

（7）发射系数。

（8）泵浦功率。

（9）信号功率。

（10）信号的波长（通道）数量。

（11）与泵浦光有关的信号传播方向。

增益远大于 50dB 的 EDFA 早已应用于光纤通信，而且也已应用于工作在 C - 频带的 FSO 中继站。然而，由于 FSO 信号不能载运许多光通道（不同的光波长），而只是几个通道，因此不像光纤通信那样，EDFA 增益不会被许多通道（波长）共享，所以不存在 EDFA 耗尽的问题。因此，有着低增益和低噪声特性的 EDFA 可用于 FSO 中继站，以提高信号质量并降低成本。

EDFA 优势：

（1）EDFA 从泵浦光到信号光功率转换效率高（＞50％）。

（2）在输出功率高达 +37dBm 处，它们可直接受激辐射放大宽波长范围，超过 80nm（在 1550nm 区域），有着相对平坦增益（＞20 dB），非常适于 WDM 系统。改进的 EDFA 也可运行于 L 频带。

（3）饱和输出功率远大于 1mW（10 ~ 25dBm）。

（4）增益时间常数较长（＞100ms）以克服码图案效应和交调失真（低噪）。

（5）它们对光调制格式是透明的。

（6）它们有着非常大的动态范围。

（7）它们有着较低的噪声因子。

（8）它们的偏振独立（减少了与传输光纤的耦合损耗）。

（9）适于长距离应用。

EDFA 劣势：

（1）它们不是小器件（它们是数千米长的光纤），而且它们不能与其他半导体器件集成在一起。

（2）EDFA 表现为放大的自发光辐射（ASE）。也就是说，即使没有输入光信号，光纤中的一些激发离子也总会产生一些输出信号，这个输出被称为自发辐射噪声。

（3）其他缺点，如串扰。

（4）增益饱和。

铒已经被用于（实验上）掺杂到固态波导中以生产称为掺铒波导放大器（EDWA）的紧凑光放大器件，它也可与耦合器和合成仪在相同基底集成，得到小尺寸组件。

2.6　光信噪比

2.6.1　信号质量

若信号只经受影响衰减，不受其他因素影响即其他方面都很完美，那么很容易解决它的功率衰减问题。不幸的是，许多其他参数都会导致信号在频域或时域上的额外变化，这些额外的干扰信号引起信号畸变，严重影响光信号的质量和完整性。

已讨论过可能损害光信号的光噪声。更重要的是信号功率中的总噪声功率，具体来说就是信噪比（光通信中）和光信噪比（ONSR）。SNR 和 OSNR 是重要且与误码率（BER）有关的信号性能参数。

对单模光纤传输，给定以 dB 为单位的 OSNR，BER 的一阶近似经验计算公式为

$$\lg BER = 1.7 - 1.45(OSNR) \tag{2.30}$$

例如：假设 OSNR = 14.5dB。则有 $\lg BER = 10.3$，因此 $BER = 10^{-10}$。

当设计 FSO 链路时，入射到光检测器孔径上的光功率要等于或高于其灵敏度；接收机处的光功率取决于一些参数，如：

（1）激光器件特性。

（2）激光束特性。

（3）数据速率。

（4）通道波长。

（5）调制方法。

（6）链路长度。

（7）目标及预期的 BER。

（8）发射机和接收机的老化富余量。

（9）接收机判决阈值极限。

（10）接收机串扰富余量。

（11）接收机增益和噪声。

（12）光学元件衰减或增益（由光束聚焦引起）。

（13）传输介质参数和影响。

（14）介质的动态变化及参数最小到最大的变化。

（15）光反射。

（16）放大噪声。

通信中，有四个影响信号质量的主要因素：码间干扰（ISI）、串扰、噪声和误码率。

由于传输光信号的比特展宽和旁瓣，可能会扩展至下一个字符，因此若两个相邻符号的初始比特为"10"，则它们在接收机处可能会出现"11"或"00"。这被称为码间干扰，这仅是对光通道内而言。

由于可能的相互影响或光谱叠加，从一个光通道发出的比特可能影响其他通道的比特，因此两个初始比特为"10"的相邻符号，在接收机处可能会出现"11"或"00"。这就是串扰，一根光纤中有多个光通道时会出现这种情况。

在 FSO 通信中激光源、光放大器和不稳定的介质都会产生光噪声，影响着 OSNR 和 BER。

2.6.2　信号质量监测方法

为了监测接收机处的信号质量，可用终结、采样、光谱监测或间接方法。

（1）终结方法包括差错检测码（EDC），其与光源处的比特流混在一起。在接收机处，EDC 码计算比特流中错误比特的数量，并能纠正一些。

（2）采样方法需要离散抽样和一个信号分析仪，此分析仪包括一个能使之最小的解复用器、很低噪声的检测器、一个同步器和算法离散信号分析。

（3）光谱监测方法包括噪声电平测量和光谱分析。

（4）间接信号监测方法取决于系统预警（丢帧、同步丢失和信号功率损耗等）产生的信息。

2.7 捕获、对准及跟踪

位于链路任何一端的 FSO 收发机都需要校准。校准可由人工或半人工方式获得。人工校准需要使用望远镜，以使操作员在十字交叉线上发现和放置链路另一端的目标收发机。相似的过程也发生在链路另一端，由此这两个收发机最终校准。

两个操作员进行初始校准相对容易，几分钟内就可完成。但初始校准后，风、自然现象和建筑物热胀/冷缩可能使一个或两个收发机偏移它们的初始位置，从而影响校准。如果移位有几度，那么从一个或两个收发机射出的激光可能不再指向对方发出的光束，因此就可能丢失校准。例如，发散角为 1mrad 的激光，经过 1km 链路长度后，可产生约为 1m 的光束直径（1°≈17mrad，1mrad≈0.0573°）。对较小角度，这可使用关系式：{光束角度（mard）×链种长度（km）=光束直径（m）}。

为了持续校准，在每个收发机处，都需要使用与协议和软件相关联的自动跟踪机械装置。通常，为了定位、校准和维持校准，需要进行三个方面的操作：捕获、对准及跟踪（APT）。

2.7.1 捕获

链路两端的两个终端在首次尝试彼此定位时进入捕获阶段。典型情况是，捕获由位于链路两端的操作员，使用望远镜，借助 FSO 网络中间节点坐标或链路空间方向等知识实现捕获，当然 FSO 网络直线路径和视距是需要的。

然而在某些情况下，不可能有两个操作员，可能只有一个或根本就没有操作员，如在战场、飞行器与塔台间通信以及卫星间通信。对于卫星间通信，要使用自动捕获方法。因此，我们把捕获分为以下 3 种情况：

（1）静止：链路的两个端点是静止的。

（2）半静止：链路的一个端点是静止的，而另一个是移动的。

（3）移动：链路的两个端点都是运动的。

在捕获量级阶段中，关键参数是捕获时间，其主要取决于应用方法和技术，捕获时间可以在几分钟到多分钟，但少于一小时。

在静止系统中，最简单的捕获方法需要拓扑数据知识，要用参照坐标系（对陆地应用，笛卡儿坐标就可满足要求）和描述参照坐标的方位和链路距离的矢量。一个或两个操作员，利用这些知识，便于在晴朗的天气中，相对较短链路距离（至多几千米）和 LoS 实现捕获。

在半静止系统中，由于一端运动，捕获变得很有挑战。由于静止节点的坐标是固定的，运动端捕获静止端较简单。但静止端捕获运动端便更加具有挑战，因为后者要寻找的是个"运动目标"，此目标可能不在一个平面内运动、速度不等或无法描述其轨迹，就像战场中不平坦的地形那样。这种情况下，就要使用更加复杂的方法，如（差分）全球定位系统（GPS）和惯性导航系统（INS），连同一个安全的 RF 微波链路。目前，先进的 GPS 系统的精度约为 ±1m，激光束在 1~2km 距离上的几何扩展也在相同量级，因此在捕获阶段很有帮助。发散角为 1mrad 的激光束，在 1km 距离上产生的光束横截面大约是 1m 的表面积。

在移动系统中，链路两个端点处的捕获最具有挑战。这种情况下，在每个端点处都需要使用（差分）全球定位系统和惯性导航系统，连同一个安全的 RF 微波链路。然而，由于三维空间中两个运动节点可能需要很长时间才能实现捕获，因此可用 RF 微波链路建立第三个静止节点与两个移动站间的通信，以帮助捕获和对准过程。第三个静止节点跟踪两个移动节点，定位它们的空间坐标，区分每个节点在空间中的运动方向或轨迹，并把这些信息发送给两个移动节点。当这两个移动节点完成捕获、对准和自动跟踪后，第三个静止节点的辅助装置就变为冗余了。此外，尽管现代 GPS 系统的分辨率约为米的级别（±1m），经过数千米（星间通信中）后的激光发散或几何扩散应该是相当的数量级，这意味着激光束应该很窄；若激光发散太大，几何扩散损耗很高，接收机处的光功率就很低，可能接近或低于光检测器的灵敏度，这样会增加比特误差概率和误码率。

在移动系统中，在捕获和对准阶段的开始可使用发射激光信标光束，也称为探测光束。这种情况下的可能方案是，节点 A 用信标光束缓慢扫描某一区域，该区域是假设节点 B 所在的近似方位，直至信标光束最终到达节点 B 的视场内，节点 B 通过角反射镜将光反射回节点 A 或发射一窄信标光束，角反射镜以同样的方式反射入射光。接着节点 A 可使发散信标光束变窄，或返回给节点 B 一束通信光，直至完成捕获，完成对准阶段后，就可以关闭信标光束。ARTEMIS 地球同步卫星（由欧洲航天局 ESA 拥有）与 OICETS 卫星（属于日本宇航研究开发机构 JAXA）间的通信就使用类似捕获过程。当然，移动卫星系统也有它们自己的挑战，面对面地球同步卫星网络看上去在地球附近静止且位于赤道上，而低轨卫星系统在地球附近倾斜的轨道上成簇运动[13]。在移动陆地系统中，当运动节点不在一个平面上，而是在不规则的地形上，它们的运动没有确定路径，因此捕获时间尤其重要。

2.7.2 对准

完成捕获阶段时，发射机有另一端接收机位置的足够信息，并开始对准阶段。

对准是指对通信光束精确对准接收机的操作，可能需要也可能不需要某些精确校正，其精确度称为对准精度。随着对准精度的提高，考虑到光束剖面在其对称轴处有更大的光强度，发射的通信光束的功率效率也会提高。对准精度用角度 θ 来度量，它应该比光束发散角的一半还要小。典型的对准精度为 $1 \sim 200\mu rad$（$0.00002865 \sim 0.00573°$）[14, 15]。ARTEMIS 卫星的对准精度标记为 1arcsecond（约 $0.000278°$），是其光束发散角的一半[16, 17]。

取决于不同情况，对准要克服不同挑战。例如：

（1）静止系统中，对准必须要解决可能由强风引起的建筑物晃动导致的目标接收机的位置发生运动。由于光束发散角小，小的晃动可能不会有明显的影响。

（2）半静止系统中，对准必须要解决由移动节点在不规则地面的运动以及由风带来的额外问题。

（3）移动系统中，对准阶段必须要解决由不规则地形导致没有确定路径的运动。移动卫星网络中，两个地球同步卫星间对准可能比较简单，但 LEOS 之间的对准就更加困难。此外，完成对准阶段的速度很重要。一旦完成对准且通信光束锁定位置，那么链路上的两个收发机的自跟踪阶段将持续连通。

2.7.3 跟踪

捕获和对准后，通信光束连接节点 A 的发射机和节点 B 的接收机，反之亦然。然而，由于运动或外部作用（如风）可能导致两个点中的一个节点运动或位置移动，因此应该有个机制来确保光束方向以保持连续对准接收机，即保持校准。这个机制就是跟踪，又称自跟踪或自动跟踪，尽管静止系统、半静止系统和移动系统中与跟踪有关的问题不同，但这些系统都需要跟踪。

跟踪是个闭环系统。例如，节点 A 发送光束给节点 B。若节点 A 或节点 B，或两个节点都可运动到离它们相对位置几米的地方，那么节点 B 处的接收机"看到"的信号功率会降低，但节点 A 并不知道。然而，若节点 B 定期回传给节点 A 关于接收的信号功率或性能变化，而同样节点 A 定期传给节点 B 有关收到的信号功率或性能变化，则一旦发生信号退化且被表现出来，一个或两个节点就可能开始自动修正校准，实际上就是最优化过程。此时，一些需求有：

（1）跟踪频率：信号功率或性能在环内来回传输的次数有多少？

（2）跟踪精度：性能下降幅度为多少时自跟踪才应被初始化？

（3）跟踪速度：偏移光束被校正有多快？

（4）自由跟踪轴：跟踪机制能在二维或三维空间执行校正吗？

（5）校准跟踪范围：跟踪机制能运动的最大角度是多少？

（6）能区分相对位置的变化以及雾、雪或雨的跟踪机制。

当然，随着系统不同，跟踪机制对通信的影响也不同。例如，在慢速运动的节点中，若地形非常不平坦，尽管其他参数非常严格，但跟踪频率可能相对较慢。相反，在快速运动的节点中，跟踪频率也可能非常重要，这也取决于节点是否在相同方向、相反方向或相对另一方以某一角度运动。当前的跟踪机制能在强风（30～40mite/h）时持续光束校准。

通常，典型的跟踪机制把激光器安装在万向节上，此万向节由数字化伺服系统控制。作为选择，激光器可被安装在万向节上，镜子也可被安装在万向节上。移动万向节以控制三维空间内的光束。但是，万向节是机械装置，当其旋转时也会产生机械抖动，表现为光束空间抖动。因此，万向节适于粗控制。新式的 FSO 跟踪机制不包含万向节，因为电光或声光器件尤其适用于如飞机和卫星等快速运动模式。在接收端，光检测器阵列检测运动和运动方向（左右）；光检测器矩阵表现为类似于惠氏顿电桥在水平面上检测运动（左右和上下）[18, 19]。当发生未校准时，惠氏顿电桥产生正值或负值的定向误差，以及与未校准速度有关的误差速度；当再次校准时，误差最小。

由于是根据接收信号功率的降低或其衰减触发自跟踪的特点，因此能区别由未对准导致的衰减和由雾、雪或雨导致的衰减的跟踪机制很重要，当前的自动跟踪机制可以做到这点。

2.7.4　角反射器

在包括 FSO 系统和网络的许多光学应用中，入射光束要被反射回相同方向，反射器就完成这个工作（注意：若入射角度为 0，则在相同方向上只发生镜面反射；即光束与其平面垂直，否则反射角会偏离入射角，见图 2.9）。

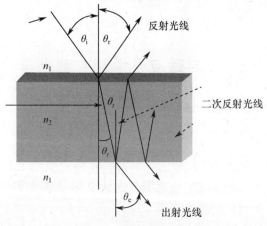

图 2.9　平板反射和衍射

光学应用中，后向反射镜是一种无源光组件，可与光透明体简单地构造在一起，故称为角反射器，其操作见图 2.10。

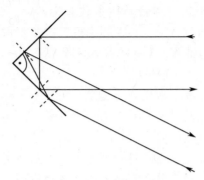

图 2.10　角反射镜的工作方式

　　角反射器有三个交叉面，其工作视场有着相对较宽的角度。角反射器既可用于光范围，也可用于微波范围。它们已作为海上航行标记，在雷达、探测、车辆反光镜、路标、反射涂料（其中微型角反射器结构与涂料合到一起）、导弹、卫星和其他应用中使用。

　　表面粗糙度、角度公差和反射波长是光后向反射器的关键参数。

　　角反射器的原理也可用于声学应用。其他技术已利用微机电系统（MEMS）[20]和如图 2.11 所示的微滴（水珠），以改善后向反射器[21]。

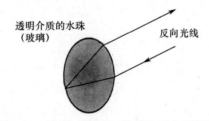

透明介质的水珠
（玻璃）

反向光线

图 2.11　微滴（水珠）构成的后向反射器

2.8　自适应光学和有源光学

　　在理想介质中传输的光学波前应保持球面。然而，随着光在大气中传输，取决于介质条件，尤其是温度和湍流，光的理想波前失真为"皱"波前，从而产生了模糊和失真。

　　在光通信中，失真波前可能成为噪声源。在特定应用中，这种类型的噪声损害是主要的，应该在以下系统中被克服，如天文学（天文望远镜）、卫星到地球的 FSO 通信系统以及视网膜成像系统。

　　为了评估出现大气湍流时的"视宁度"质量以及任意自适应光学校正系统的性能，使用 Strehl（斯特列尔）比。Strehl 比定义为检测平面处观察到来自点光源（激光器）的峰值强度与工作于衍射极限[22, 23]时完美成像系统理论上最大的峰值强度之比。

称为自适应光学（AO）和称为有源光学（AO）的技术都能改善失真的光学波前，从而改善光学系统的性能。由于这两项技术有着相同的首字母缩略语，本书中用 AdO 表示自适应光学，用 AcO 表示有源光学，以此来区分这两项技术。

含有自适应光学或有源光学的系统可降低波前失真量。为了实现这个目的，它们测量波前失真，并使用空间相位调制器对其进行补偿。可用补偿失真或响应时间的快慢来区分 AdO 系统与 AcO 系统，前者最快。由于慢响应时间，有源光学用于缓慢变形情况（<0.01Hz），如在超大型望远镜（镜面直径约为 4m）中，当望远镜倾斜时，由于重力作用镜面开始缓慢改变几何形状（其凹陷），如用于伽利略、双子和其他望远镜中。

通常，AdO 方法通过测量失真量补偿波前失真，实际上通过对平面镜表面产生合适变化，测量的是相位失真量，这些变化与相位失真量是相称的，因此可在某个方向进行补偿。要注意的是，大气导致的相位失真超过幅度失真。

空间相位调制器可使用一些技术制造，如带有微机电系统（MEMS）的变形镜或液晶阵。

2.8.1　自适应光学和有源光学的方法

变形镜（DM）包括一个像薄膜那样易变的扁平或平面镜，借助其后的调节器阵列对其进行控制。

假设失真波前以某一角度入射到平面镜上，此镜就会反射失真波前。

若平面镜变形合适，则失真波前将会变得光滑（没有皱纹），见图 2.12。为了变形镜面，使用连接于其后的调节器阵列控制易变镜，当激活时，每个调节器都"推"或"拉"与之相连的镜面，以引起与波前失真量相称的表面变形。变形量和变形分辨率及速度取决于调节器的数量、调节器的倾斜程度及镜面的弹性。也使用电脑进行计算和控制每个调节器，速率约为 1000Hz，所以每个调节器都会感应出适当的变形量。

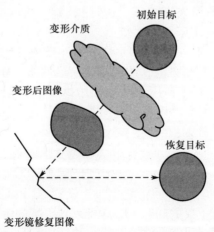

图 2.12　失真图像入射到合适变形镜面产生了恢复图像

曲率传感器和波形分析仪用来测量波前失真并进行校正。这些传感器可以是简单的干涉仪或是沙克－哈特曼波前传感器。沙克－哈特曼 AdO 使用小透镜阵列，根据撞击于其上的波前失真量改变每个小透镜的焦点[24]。

(1) 微电机系统（MEMS）包括由微镜构成的巨大矩阵（多达 1000 × 1000），以形成一个均匀镜面。然而每个微镜都是独立控制的并且可以静电方式控制倾斜从而在不同方向反射光线。因此，当每个微镜发生微小的变化，导致 MEMS 镜的整个表面出现变形时，要留心反射镜的变形。

(2) 液晶（LC）是一项已成功运用于许多领域，尤其是平板显示的技术。LC 包括阵列型液晶，其分子是随机排列的，在这种情况下，若没有施加电场，LC 就会阻止光通过。但是，当施加电场时，长（阵列型）分子就会排列整齐，从而允许光通过，通过的量或相位取决于 LC 中的分子方向量和分子类型。若 LC 材料在一个像素矩阵内是有组织的，从而每个像素中的分子方向均可不同，每个都可方便地控制失真光学波前的相位[25, 26]。

2.8.2 参考星

在深空通信中，为了快速补偿由大气湍流和温度变化带来的失真波前[27, 28]，未失真波前的先验知识也很有用[29]。也就是说，如果存在一个参考源，通过自适应光学手段测量与参考源的偏离值可能对快速补偿是很有帮助的。

天文学中，从空间站（飞行器）发射一束已知剖面的探测激光光束到观测站，观测站接收实际失真剖面并与预期剖面相比，从而测量出失真。这个信息也可用于校正空中观察到的图像。这种不同应用利用了中间层钠原子的荧光特性优势。在这种情况下，来自地球站的激光束直接射入中间层，并激发此层中的钠原子，从而发出荧光产生一个人造星。此外，从地球观测站发射一束已知剖面的探测激光光束到空间观测站，空间观测站处就会有光束失真测量结果，并反馈到每个观测站，从而进行图像失真校正。这种探测激光光束称为激光导星（LGS）[30-34]。类似的方法也可用于 FSO 系统[35]。

总之，FSO 系统及网络中使用自适应光学，产生的光束更窄，使链路范围增加到 5 km 以外，降低了闪烁效应，改善了光信号性能，提高了光束到光纤的耦合效率，允许 FSO 通信链路中使用全光透明中继节点以及更多的 WDM 信道。但是，FSO 系统中自适应光学的使用，增加了其资本成本和运行成本，当考虑使用 AdO 时，也应体现出一种工程判断。

2.9 激光安全性

激光安全性是一个重要的问题，与激光束到眼睛的潜在暴露有关，由于光束有聚焦于视网膜的能力，可能会在视网膜上灼烧成洞。也要考虑潜在暴露于激光束中的皮肤。通常，任何激光都应"眼安全"，也应"皮肤安全"。"

因而，安全方面，光的具体波长很重要，因为只有范围在 $0.4 \sim 1.4\mu m$ 的波长才通过眼角膜传输，其他波长会被吸收。虽然如此，与光谱范围、IR 或 UV 一样，激光束的功率和暴露时间是重要参数[36]；一般地，UV 的损伤阈值高于 IR。激光器可分为 4 类及其子类，级别 1 的功率最小，级别 4 的功率最大（见第 1 章的激光器分类）。

大部分国家对使用激光器的所有产品，从简单的激光指示器到能切断钢铁的强功率激光器，都已研制并批准实施了激光安全性标准。标准关注两个方面，不同功率密度（并不是它们的波长）的激光安全及激光器的安全使用；在大众容易接触的领域内，它们的外形安装符合基于发射功率密度的要求，在发射孔径前可定义特定危险区域，以及定义某些高功率激光系统的安装规则或限制。此外，这些国家还注意安全控制，使用保护（眼睛和皮肤）的装备，警告标签和记号，自动断开、培训、维护和服务。

其中标准组织有（按字母顺序排列）：

（1）美国国家标准协会（ANSI）[37]。

（2）医疗器械和辐射健康中心（CDRH）。

（3）欧洲电工标准化委员会（CENELEC）。

（4）国际电工技术委员会（IEC）[38]。

（5）美国激光学会（LIA）。

激光器安全的建议标准描述如下：

（1）ITU - T 建议 G.664 提供光的安全程序步骤。

（2）美国国家标准协会（ANSI Z136.1 - 2000）给出最大允许的辐射（MPE）限制和从 $100s \sim 8h$ 的持续暴露时间。

（3）同样，美国政府工业卫生学家协会（ACGIH）给出阈值限（TVL）和生物接触限值（BEI）。

（4）ANSI 和 ACGIH 的标准已成为美国联邦产品性能标准（21 CFR 1040）的基础。

尽管 FSO 设备中实际的激光器件是等级 3B（相对较高功率的激光器），但要确定 FSO 节点是等级 1 或等级 1M 仍是很重要的。这是因为设备是用光束进入空间前的输出功率密度来分类的，例如，超大直径的透镜扩散激光器件的辐射，因此到达节点孔径的功率密度等于等级 1。此外，对相同尺寸的孔径透镜，运行于 1550nm 的等级 1M 激光系统允许发射的功率可比运行于 850nm 的系统大约高出 55 倍多。光通信中，等级 1 和等级 1M 是很重要的级别，等级 1 系统可安装在没有任何限制的应用中，而等级 1M 仅可安装于禁止光辅助设备的不安全应用的场合中。

2.10　节点箱及底座

FSO 节点的物理设计需要两部分，FSO 收发机的外箱及其底座（外部装置

（OSP）），见图2.13，路由器（包括光导纤维及开关）则位于室内（内部装置（ISP））。两者中，FSO箱最有挑战，因为它包括敏感的光和光电组件，经常暴露于大气中，受风、雨、雾、极端的温度变化（从非常高到零下）、太阳眩光、沙尘风暴及其他的影响。典型地，室外FSO箱需运行于从 − 20 ～ + 50℃。在FSO箱（室内或室外）和路由器之间，由光纤光缆（单模或多模，取决于距离和数据速率）和带有 RJ − 45 连接器的 5 类双绞铜线为 SNMP（简单网络管理协议）应用或节点部署提供连接。额外的光缆给箱内的光电器件、电器件、热稳定装置和自动跟踪装置提供功率。

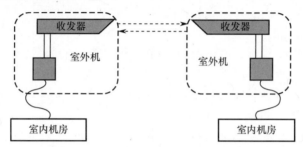

图 2.13　FSO 链路的外部和内部装置

　　尽管如此，节点必须运行于最小的最大可接受的性能范围中，若可能，节点总是紧凑、相对轻、无腐蚀、防水、易用且低功耗的。

　　（1）重要箱内的自动加热元件防止冰冻和零下温度。

　　（2）在重要箱上用第二个盖子进行高热处理，从而允许在盖子和重要箱之间有通风设备。此外，还可使用有源或无源热交换。

　　（3）物理设计和节点定向可处理太阳眩光，收发机不正对着太阳升起或太阳落下的方向，太阳也不会因反射面而偏转。

　　（4）空气动力物理设计可处理风压，以使风对节点箱产生压力最小，且由于风湍流导致没有振动。

　　（5）沙尘暴会腐蚀箱表面，尤其是箱的透镜。箱的无腐蚀涂层，尤其是处理过的镜子可最小化沙尘风暴的腐蚀行为。

　　（6）物理设计可处理防水，以确保在环境方面重要箱内有着密封（不透气且无潮湿）的环境。

　　（7）轻金属、无腐蚀材料和薄透镜可处理不太重要的问题。

　　（8）箱底座应防止腐蚀且相对较短，以使在风压下，它不会弯曲增加建筑物的晃动。

　　（9）箱处的连接器应易于接入，并被大气元件保护，同时带有保护封套。

　　（10）箱应是模块化，从而容易使用。故障诊断软硬件应在节点设计中就合在一起，从而能确定哪个模块出故障。此外，在适当情况下，模块或组件冗余也要令人满意。

　　在室内或窗外安装 FSO 箱比较简单。很明显，这种节点的箱不会暴露于大气元素，它享有一个可控且相对安全的环境。然而，除了与室内（不需要特殊的反腐蚀和反磨蚀材料，热稳定装置和盖子）关联的可去除功能，箱仍然必须要无太阳眩光、轻巧、模块化用易于使用。故此，由于光束的方向限制，室内节点的适用性有限。

参 考 文 献

1. S.V. Kartalopoulos, *DWDM: Networks, Devices and Technology*, IEEE/Wiley, 2003.

2. K. Iga, "Surface-Emitting Laser—Its Birth and Generation of New Optoelectronics Field", *IEEE Journal on Selected Topics in Quantum Electronics*, vol. 6, no. 6, pp. 1201–1215, Nov/Dec 2000.

3. J.S. Harris, "Tunable Long-Wavelength Vertical-Cavity Lasers: The Engine of Next Generation Optical Networks?" *IEEE Journal on Selected Topics in Quantum Electronics*, vol. 6, no. 6, pp. 1145–1160, Nov/Dec 2000.

4. C.J. Chang-Hasnain, "Tunable VCSEL", *IEEE Journal on Selected Topics in Quantum Electronics*, vol. 6, no. 6, pp. 978–987, Nov/Dec 2000.

5. E. Desurvire, *Erbium-doped fiber amplifiers*, Wiley, New York, 1994.

6. S.V. Kartalopoulos, *DWDM: Networks, Devices and Technology*, IEEE/Wiley, 2003.

7. E. Ackerman, S. Wanuga, D. Kasemset, A. Daryoush, and N. Samant, "Maximum dynamic range operation of a microwave external modulation fiber-optic link", *IEEE Trans. Microwave Theory Technology*, vol. 41, pp. 1299–1306, August 1993.

8. U. Cummings and W. Bridges, "Bandwidth of linearized electro-optic modulators", *Journal of Lightwave Technology*, vol. 16, pp. 1482–1490, August 1998.

9. S.V. Kartalopoulos, *Introduction to DWDM Technology: Data in a Rainbow*, IEEE-Press, 2000.

10. ITU-T Recommendation G.661, "Definition and test methods for the relevant generic parameters of optical fiber amplifiers", November 1996.

11. ITU-T Recommendation G.662, "Generic characteristics of optical fiber amplifier devices and sub-systems", July 1995.

12. ITU-T Recommendation G.663, "Application related aspects of optical fiber amplifier devices and sub-systems", Oct 1996.

13. S.V. Kartalopoulos, "A Global Multi Satellite Network", ICC'97, Montreal, Canada, 1997, pp. 699–698. Also in patent # 5,602,838, issued 2/11/1997.

14. S. Lee, J.W. Alexander, and M. Jeganathan, "Pointing and Tracking Subsystem Design for Optical Communications Link between the International Space Station and Ground", *Proceedings of SPIE*, vol. 3932, pp.150–157, 2000.

15. E.J. Korevaar, et al., "Horizontal-link performance of the STRV-2 lasercom experiment ground terminals", *Proceedings of SPIE*, vol. 3615, pp.12–22, 1999.

16. M. Reyes, et al., "Design and performance of the ESA Optical Ground Station", *SPIE Proceedings*, vol. 4635, pp. 248, 2002.

17. A. Alonso, M. Reyes, and Z. Sodnik, "Performance of satellite-to-ground communications link between ARTEMIS and the Optical Ground Station", *SPIE*, vol. 44, pp. 5160, 2003, SPIE MASP03.

18. T.-H. Ho, S.D. Milner, and C.C. Davis, "Fully optical real-time pointing, acquisition, and tracking system for free space optical link," *SPIE, Free-Space Laser Communication Technologies XVII*, G. Stephen Mecherle, Ed., vol. 5712, pp. 81–92, 2005.

19. S.V. Kartalopoulos, "Signal Processing and Implementation of Motion Detection Neurons in Optical Pathways", Globecom'90, San Diego, December 2–5, 1990, pp. 1361–1365.

20. V.S. Hsu, J.M. Kahn, and K.S.J. Pister, "MEMS Corner Cube Retroreflectors for Free-Space Optical Communications", University of California, Berkeley, CA, November 4, 1999, 53 pages, http://www-ee.stanford.edu/~jmk/pubs/hsu.ms.11.99.pdf, 9/2010.

21. R.L. Austin and R.J. Schultz, "Guide to retroreflection Safety Principles and Retroreflective Measurements", November, 2006, RoadVista, San Diego, CA, http://www.atssa.com/ galleries/default-file/RetroreflectionGuide-ATSSA.pdf, 9/2010.

22. K. Strehl, "Aplanatische und fehlerhafte Abbildung im Fernrohr", *Zeitschrift für Instrumentenkunde*, vol. 15, pp. 362–370, October 1895.

23. K. Strehl, "Über Luftschlieren und Zonenfehler", *Zeitschrift für Instrumentenkunde*, vol. 22, pp. 213–217, July 1902.

24. J. Liang, D.R. Williams, and D.T. Miller, "Supernormal vision and high-resolution retinal imaging through adaptive optics", *Journal of Optical Society of America*, vol. 14, pp. 2884–2892, 1997.

25. S. Chandrasekhar, *Liquid Crystals*, Cambridge University Press, 1994.

26. P.G. de Gennes and J. Prost, *The Physics of Liquid Crystals*, Oxford, Clarendon Press, 1993.

27. H. Hammati, "Overview: Free-Space Optical Communications at JPL/NASA", March 2003.

28. H. Hammati, "Overview of LserCommunication Research at JPL", *Proc. SPIE*, vol. 4273, The Search for Extraterrestrial Intelligence (SETI) in the Optical Spectrum III, August 2001.

29. J.R. Lesh, L.D. Deutsch, and W.J. Weber, "A Plan for the Development and Demonstration of Optical Communications for Deep Space," Proceedings of Optical Communications II Conference at Lasers'91, Munich, Germany, June 10–12, 1991.

30. A. Primmerman, et al., Compensation of atmospheric optical distortion using a synthetic beacon, *Nature*, vol. 353, pp. 141–143, 1991.

31. Laser Guide Star System on ESO's VLT Starts Regular Science Operations, http:// www.eso.org/public/news/eso0727/, retrieved September 2010.

32. P.L. Wizinowich, et al., "The W. M. Keck observatory laser guide star adaptive optics system: overview", *Publications of the Astronomical Society of the Pacific, 2006 Conference*, vol. 118, pp. 297–309.

33. N. Hubin and L. Noethe, "Active Optics, Adaptive Optics, and Laser Guide Stars", *Science*, vol. 262, no. 5138, pp. 1390–1394, 26 November 1993.

34. C.C. Chien and J.R. Lesh, "Application of Laser Guide Star Technology to Space-to-Ground Optical Communications Systems", presented at the Laser guide star Adaptive Optics Workshop, Phillips Laboratory, Kirtland AFB, Albuquerque, NM, March 10–12, 1992.

35. "AOptix Technologies Introduces AO=Based FSO Communications Products", June 2005, http://www.adaptiveoptics.org/News_0605_1.html. Retrieved September 2010.

36. W.L. Wolfe, *Introduction to Infrared System Design*, SPIE Press, 1997.

37. American National Standards Institute (ANSI), "Safe Use of Lasers", ANSI Z136.1-2000, 2000.

38. IEC 60825–1, Amendment 2 Laser Power Levels.

第 3 章

点到点 FSO 系统

3.1 绪 论

FSO 技术应用的距离范围从几百米到几千米（陆地应用），再到几千千米（地球到卫星和星际间应用），FSO 也可用于（高度专业化的）深空应用。此外，FSO 支持如 SONET/SDH、以太网和其他一些广泛流行且标准化的协议。由于在所有应用中链路的距离并不相同，因此激光功率也无需相同，较短链路需要的激光功率小于较长链路。但是，介质（大气）的衰减并非常数，而是剧烈地变化（晴朗天气的衰减为几 dB/km；与之相比，浓雾天气的衰减为几百 dB/km）。因此，为了保证通信链路的可靠性和信号性能，需要自适应调节激光功率。也就是说，应有光功率自适应控制机制以自动调节激光功率，从而使信号性能维持在预期水平。只有在剧烈衰减的情况（非常浓的雾或冰雹）下，性能水平不可控时，才需要其他诸如 RF 的并行机制，以维持链路运行。

前两章中，分析了传输激光束的大气介质，构成 FSO 收发机的不同组件，两个收发机如何建立并维持连接（捕获、对准及跟踪），以及与 FSO 收发机房（箱）和安装相关的问题。

本章开始讨论 FSO 拓扑，特别分析使用点到点（PtP）的最简单、最基本的拓扑。

前文中已重点描述了两个收发机需要 LoS 以建立链路。这意味着，无论收发机在何处，都必须能够"看见"另一个收发机，也就是说，在陆地应用中，另一个收发机不可能越过地平线或在阻碍物之后。

典型的 PtP 陆地应用由安装在两个建筑物顶端的两个收发机构成，以建立 FSO 链路，但在某些情况下，有时一个或两个收发机安装在窗户后面。尽管已成功使用 780 ~ 920nm 波长范围，但目前，激光束工作在 1550nm 波长，该波长普遍已在光纤通信中被成功应用。800nm 波长可使用便宜的激光器和接收机，而基于硅材料的 1550nm 波长的器件有着最低的衰减，这对激光束位于窗后是很重要的，如窗到窗（WtW）应用。然而，由于 FSO 需要 LoS，尽管 WtW 是首选，其理由将在这一章变得更加清晰（不考虑天气的变化），但窗到屋顶或从屋顶到屋顶的 FSO 仍被实现了。

在任何情况下，PtP FSO 都需要两个收发机和交换机或路由器以连接网络。如图 3.1 所示，两个收发机通过电缆连接到路由器，路由器位于建筑内的机房，连接公共或私人网络。

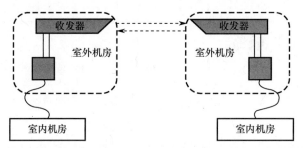

图 3.1 点到点拓扑；用一个（或两个）收发机连接公共数据网络

与后面章节中给出的较复杂的拓扑相比，在有关设计、捕获、对准和自动跟踪方面，PtP FSO 收发机节点是最简单的。例如，在 PtP 拓扑中，对于长达 2km 的链路，在 $\lambda = 800$nm 附近的典型激光功率小于 15mW（级别 I），在垂直方向和水平方向上，跟踪范围约为 ±1.2°，运行的温度范围为 −20°~50℃；望远镜可实现捕获和对准。更强大功能的节点有 6km 范围的链路，数据速度达 OC3/STM 1（约 155Mb/s）或快速以太网（约 125Mb/s）速率[1, 2]。如需更高的数据速率则链路长度较短，否则降低数据速率提高链路长度。当前，10Gb/s 已应用于中等链路长度（<1km）。

由于其简单性，加上激光在未注册的电磁频谱内、安全的低功率激光器的事实，以及不需要麻烦的许可或街道挖沟，PtP 技术已首次应用并展示出其能以与光纤网络相当的数据速率快速提供服务，且能容忍中等大气现象（雪、雾、风、闪烁、光束发散角）。

3.2 简单的 PtP 设计

一个点到点收发机至少包括一个激光发射机和一个光检测器接收机，接收机要在防水箱内，且能严格安装于杆上或墙上。为了完成点到点通信，可把望远镜作为自动跟踪机制设备加装于点到点收发机上。当完成校准时，望远镜可被移除。此外，箱包含连接器的保护区，其连接所有的外部电缆、通信和供电。目前，尽管机箱可能看上去很简单且很普通，但实际上其安装启用都很复杂。大部分节点有两个、四个或更多的激光束，因而光检测器要有个透镜以增加其孔径。从而使得机箱内的光学、光电学和电机械器件变得更为复杂。

若机箱安装于户外，则将暴露于风、雨、雾、冰雹、雪等之中，因此它一定要能运行于极端温度（典型值：-25 ~ 约 70℃）。此外，为了保证冰霜不覆盖激光器和透镜的光学窗口，需要增加防雾器件，此器件既可散热，也可加热，以维持箱内运行的温度在指定的范围内。

若机箱安装于室内，虽然物理设计很简单，但光电器件、自适应激光功率控制和用于自动跟踪的电机械功能并没有简单。

典型地，用于室内或室外的一个实际的 FSO 节点，包含三部分；一个有着上文提及的所有组件的机箱（有些人称之为"头"），一个互连单元（典型地为一个小型防水金属盒）和一个交换机或一个路由器。互连单元就是互相连接"头"的电缆与交换机的电缆互相连接的地方，它允许为头和交换机提供简易安装和服务，其中有可能包含一个供电单元。

整个系统还应包含监测设备和用于信号开/关、功率开/关、链路状态、信号质量和超出比特误差指示的可视化指示器，并应有管理和控制能力。

3.2.1　简单的 PtP 收发机设计

PtP 收发机的功能如图 3.2 的模块框图所示。其中，假设信息已根据诸如 SONET/SDH、E3/DS3、Ethernet 或其他标准协议被"打包"或"成帧"。依此，接收的光数据由光检测器 - 解调器检测，并转换成二进制电数据，当时钟（定时）也被恢复时，找出数据流中的帧/包的起点用来同步。接着，读取头以决定包的目的地、包的长度，可能的话，也可完成差错控制。

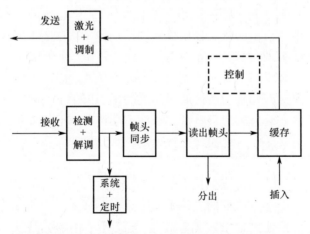

图 3.2　一个简单的 PtP 收发机的主要功能模块。
并未给出用于检测、捕获、对准和跟踪的功能模块

在这种简单的情况下，由于已接收数据的节点就是目的地，那么数据将会"分路"，新数据会"插入"、缓冲并对准至发射机。注意，FSO 收发机的头包含物理层功能（激光/光检测器和光学、调制/解调），以及路由器或交换机包含的

较高层功能（同步和定时、转换、差错控制等），这些功能被分成如图3.2框图中所示的典型功能块；然而，随着功能集成的连续增加，头将包括更多的功能（物理层及物理层扩展的功能）以使设计简单，并避免不必要的路由延迟。在后续章节，这一点将变得更加明显。图3.2框图中未给出信号性能监测、自动激光功率变化、检测和自动跟踪等附加功能。

注意：取决于设计目标，许多收发机头有着冗余激光器以满足不同需要和应用；取决于制造商和头设计，可能有 1~8 个激光发射机。

简单的PtP总会限定链路收发机的（分插）数据。然而，这种设计允许有中间分插节点的线性PtP链路，在接下来部分，这将变得很明显。

3.2.2 风对 LoS 的影响

强风会对所有的建筑产生压力、弯曲或摆动。然而，由动态或静态的风产生的远离屋顶静止位置的横向移位量和摆动模式及频率取决于许多因素。其中有建筑的高度，建筑是单体的或它的侧面"斜靠"其他建筑物，材料的类型、弹性和结构设计、阻尼因子、建筑和空气动力设计、拓扑或建筑位置（在山上或是山谷）、风的动力及风向、温度和湿度及其他更多因素[3,4]。

风产生的移位包括三部分：由10min平均风速产生的静态响应，由风湍流产生的静态响应，以及由阵风产生的共振导致的动态响应。一般地，层顶处的偏移量随建筑的高度及风强增加。对较高建筑，强风可导致典型值为 1~2m 的偏移量，产生的自然频率（建筑振荡）小于1Hz。

由此可知，由风引起的建筑物偏移量和摆动模式影响着FSO链路的视线。在风力载荷下，FSO头的位置、头的安装及跟踪特性成为建筑动态变化的主要部分。例如，风对安装于用钢铁和玻璃建造的摩天大楼的第90层的FSO头的视线的影响，与安装于用石和砖建造的低层建筑的第3层的FSO头的视线的影响各不相同。此外，头的安装应较短且坚挺，从而不会使偏移和摆动模式恶化。

3.2.3 简单的 PtP 功率预算

链路功率预算估计的主要目的是保证链路的可用性（典型的可用性是优于99.99%的级别），即接收机处的光信号功率远大于或等于其灵敏度，以使信号达到预期质量或预期性能（BER 或 OSNR）。与光纤链路中链路预算有着类似的估计方式，链路预算建立从发射机到接收机（包括）的链路工作参数[5]。一般地，链路预算计算从接收机开始到发射机结束。

链路功率预算包括光信号路径上的所有损耗和增益，包括由光束发散角引起的损耗、光学带来的损耗、连接器带来的损耗以及大气介质引起的损耗。后者是个变量，本质上随时间变化，取决于大气条件。因此，链路预算应采用将大气看作传输介质并且是好的模型来估计，同时，在最坏情况下要与链路工作在一定数据速率时可接收的性能水平相对应。

例如：

（1）发射机输出功率。

（2）光束路径上的光组件损耗（滤波器、透镜和保护窗）。

（3）菲涅耳反射或窗户和透镜的反射。

（4）检测器灵敏度。

（5）检测器噪声。

（6）链路长度。

（7）光束发散角。

（8）光束失准。

（9）由风或温度引起的建筑物摆动量。

（10）由大气效应引起的衰减。

（11）以及更多。

当光功率的增加和损失以 dB 单位来表示时，二者是加性的，因而功率预算估计就简化为直观的加法或减法。此外，以上不可预测的损耗以及除风或建筑热膨胀导致的有关接收机光束偏移之外引起的损耗，是作为功率冗余参与计算。典型的冗余值设为几分贝。于是，从接收机开始估计链路功率预算，然后沿着工作路径返回到发射机，包括功率冗余，它可用一般关系式来表示：

$$接收机灵敏度 = 发射机输出功率 - 冗余 - \sum(损耗)(dB) \quad (3.1)$$

其中损耗的总和包括从激光器件孔径到光检测器路径上所有的功率损耗，这包括透镜和保护窗的损耗、滤波器、接收机处的实际光功率（由光束发散角、链路长度和光束剖面（光斑）计算得到以 dB 表示的功率损耗）、聚焦透镜增益（这里用增益取代损耗以表示聚焦）和大气损耗（是一个基于最差情况进行估计的变量）。

一般地，功率预算估计有 4 个步骤：

（1）接收机信号电平（RSL）是由光检测器灵敏度决定，灵敏度与预期的信号性能有关。

（2）反向工作（从接收机到发射机），估计自由空间链路损耗（LL），包括与介质、光束、建筑摆动等有关的所有相关损耗，也包括接收机处的增益，这取决于聚光透镜孔径以及增加的功率冗余。

（3）接着，估计发射机的有效各向同性辐射功率（EIRP）。

（4）由估计的 EIRP 以及发射机的已知附加损耗，计算出光源（激光）功率。

EIRP 也可由接收机性能参数和自由空间链路总损耗计算得到：

$$EIRP = RSL + LL + Margin(dB) \quad (3.2)$$

这种情况下，光发射机功率 P_t 为

$$P_t = \text{EIRP} - G_t(\text{dB}) \tag{3.3}$$

式中：G_t 为发射机增益。

现在，考虑一个光源，其增益为 G_t、发射光功率 P_t，在距离 d 处的辐射功率 P_d 为

$$P_d = P_t G_t / 4\pi d^2 \tag{3.4}$$

由于传播损耗和光束发散，只有部分光束可被孔径为 A_r 的接收机"看见"。若接收机的增益为

$$G_r = 4\pi A_r / \lambda^2 \tag{3.5}$$

那么，光检测器接收到的功率（即接收信号电平）为

$$P_r = P_d A_{\text{eff}} = P_t G_t G_r (\lambda/4\pi d)^2 \tag{3.6}$$

式中：$A_{\text{eff}} = A_r / A_t$；$A_t$ 为（如果有）发射机孔径，否则有 $A_{\text{eff}} = A_r$。$(\lambda/4\pi d)^2$ 项代表自由空间中距离 d 处的功率流量的降低，用 W/m^2 来表示。

在前面提及的方程中，若除去冗余和检测器噪声部分，如大气衰减常数（系数）α 的模型接近真实，那么接收机光功率 P_r 可表示为

$$P_r = P_t \cdot \{A_r / (\theta \cdot L)^2\} \cdot \text{e}^{(-\alpha L)} \tag{3.7}$$

式中：P_t 为发射机功率（dBm）；θ 为光束发散角（rad）；L 为链路长度（km）。

后一方程表示接收功率大小与发射功率大小和聚光孔径面积成正比。然而，它与括号内光束发散角和链路距离乘积的平方成反比，与括号内大气衰减系数和链路距离乘积的指数也成反比。因此，由于对大部分应用来说，链路长度 L 是固定的，两个可控参数就是发射机功率和接收机孔径。由于大气衰减系数不在我们控制之下，且由于它以指数形式控制着 FSO 系统的性能，因此要考虑最差情况下的功率预算情况，可使用超大接收机孔径和自适应功率激光器方法，以获得足够大的冗余。

通过使用超大聚焦透镜能得到足够大的接收机孔径，在这种情况下可计算（dBi）得到辐照度增益 G_i。

最后，还应知道工作波长，因为大气效应引起的损耗取决于波长（见第 1 章）。在某些应用中，若点对点拓扑使用了中继器，则链路长度也是可控的。但是，一定要记住，在整个路径上，信号噪声、噪声因子和信噪比是累加的。

3.2.4 大气损耗模型

尽管以上提及的大部分损耗成分比较熟悉且易于估算，但是大气损耗是复杂的，需采用概率与统计模型。不管怎样，模型的精度很重要，因为大气是主要损耗贡献者，是动态变化且有大的动态范围，每千米的损耗可由零点几分贝到超过 300dB（在中度雾情况时，衰减为 100dB/km）。

温度变化导致大气湍流，其对 FSO 传输的影响在文献 [6-9] 中已进行了分析研究，人们已提出了一些模型，如对由湍流导致的小尺度和大尺度的大气波

动构建了 $\gamma - \gamma$ 分布模型[10]。

更常用的大气模型是由罗彻斯特技术学院开发研制的数字成像与遥感图像生成（DIRSIG）[11]。该模型的物理实现模拟从可见光到热红外的现实图像，被设计用于产生宽带、多谱和超谱成像，它是对构建在基础物理、化学和数学理论之上的一套辐射传播子模型的综合。这些理论包括但不限于光与质的相互作用、菲涅耳定理、热传导、密度、辐射吸收因子、辐射和对流负荷和能量流等。

DIRSIG 构建了精度可接受的大气模型，它使用了称为 MODTRAN 中频谱分辨率传输的大气辐射传播子模型，已被美国空军使用[12,13]。在不同情况下，MODTRAN 可预测路径辐射、路径传输、天空辐射和在宽的波长范围和频谱分辨率的太阳和月亮表面辐照特性。

3.3　带转发器的 PtP 链路

若链路长度超出可接受限制，那么设计一个简单的点到点 FSO 链路可能变得很繁杂，若链路长度由功率预算决定且链路在满足信号预期性能时是可用的，那么就很简单。

然而，在一些应用中，链路长度远超过功率预算的限制，或两个终端节点之间没有清楚的视线。在这种情况下，整个链路被再细分，在两个终端节点中间放置一个或许多个中间节点，充当转发器或中继器。这些转发器有两套收发机，他们没有分插功能或任何信号的完整恢复能力。但由于每个转发器产生的噪声是累加的，所以应限制转发器的数量。

有两种转发器：光到电到光（O－E－O）和光到光（O－O）。

O－E－O 转发器也可充当 3R 中继器，即它实现信号整形、定时和重构或再生。O－E－O 很复杂且很昂贵，见图 3.3。由于信号转换为电信号，因此 O－E－O 节点除了简单的光转发或光中继外，只有分插功能。O－O 转发器或光中继器在技术上更有吸引力，因为它能实现直接的光到光放大，使用光放大器（掺铒光纤放大器（EDFA）或半导体光放大器（SOA））充当全光中继器。

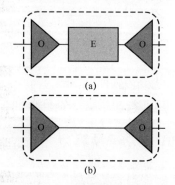

图 3.3　（a）O－E－O 转发器，（b）O－O 转发器

3.3.1 带分插的 PtP 收发机设计

点到点链路可能需要中间分插节点，此节点接收数据，要么在此处分出或要么通过此节点直接传送给下一个节点。这些链路称为带分插节点的点到点链路。在此情况下，中间收发机既充当中继器（当它们把数据传送给下一个节点时）又充当终端节点（当它们分插数据时）[14-16]。

尽管在前面部分设计了具有分插节点功能的点到点的远端节点，但中间节点仍需要有两个收发机，作为有分插能力的数据转换设备。图 3.4 明确地给出了中间节点的功能框图。注意，为了便于电路集成，可把图中一些模块整合到一起（缓冲、头读取、定时和其他），从而制造出小的且价格低的电路。图 3.4 框图中，并未给出用于检测、捕获、对准和跟踪的机械装置。有许多不同成本的商业系统，由不同公司设计和制造用于满足不同服务需求，在万维网（WWW）上搜索会有很多结果。

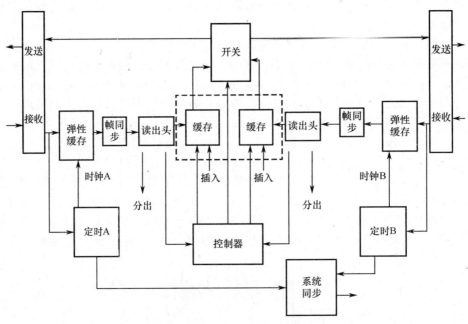

图 3.4 有分插功能的 PtP 中间节点的主要功能框图，
并未给出用于检测、捕获、对准和跟踪的功能模块

3.3.2 带分插节点的 PtP 的功率预算

上述情况，对整个链路的功率预算进行估计的主要目的是确保链路的可用性与预期的信号质量和性能（BER 和 OSNR）。然而，这种情况下链路被分割成较

小的链路部分，每个中间节点包括两个收发机和为了增加和减少通信量的附加路径，见图 3.5。因此，要从节点到节点计算链路预算，而每个中间节点假设充当有增益的 3R 光电光中继器（O - E - O）（即实现信号的整形、定时和再生或重构），其中增益用以抵销前面部分的损耗。

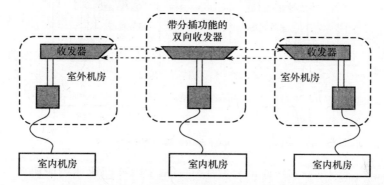

图 3.5　带有分插节点的 PtP 链路中的功率预算由各自计算两个成功节点间的部分得到。一个分插节点充当一个中继器

在每个中继器节点处，技术上更有吸引力的中继器是使用光放大器（EDFA或 SOA）直接实现光到光放大，由此充当全光中继器，尽管在光域中分出/插入通信业务对 FSO 技术是个挑战，但仍可认为这是高效且廉价的。但是，若光域中发展到允许全光分插，那么链路预算可在整个链路中实现，应仔细检查来自分插路径的中间节点增益和损耗。此外，由于噪声是累加的，因此在功率噪声预算中，放大器噪声与插入信号带来的噪声都应予以考虑。注意，若 FSO 光束包括很多波长（即 WDM），那么光学分插技术是一项已建立的光技术，部署在光纤城域环形网中。

3.4　FSO 和 RF 的混合

FSO 链路的有用性被期望优于 99.99%，且满足信号的预期性能。这对于依赖大气现象的 FSO 来说是个非常宏伟的目标。取决于地形，一些地区比其他地区有着更多的浓雾、冰雹、雪、雨和沙尘暴等。因此，当一个地区发生浓雾时，接连几个小时的服务中断会破坏规定的预期服务有用性。

若服务要 99.99% 可用，就需要备份通信策略。对陆地应用，这个策略包含一个共生混合技术，由一个主要的 FSO 链路和一个次要的宽带射频（RF）链路同时工作，一旦 FSO 链路不能运行或其性能降低至低于预期水平，就运行 RF 链路继续非中断服务，见图 3.6。RF 频率使用高增益（较高的定向性）天线。

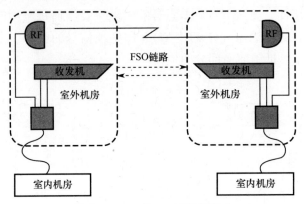

图 3.6　FSO 和 RF 链路的混合

　　不管怎样，为了混合链路的有效工作，基于闭环的快速响应协议是需要的。例如，尽管光链路可运行，但 RF 链路仍要周期地发送性能参数，这样当系统性能降低，RF 链路就成为主要链路。尽管 RF 链路能穿透雾且长距传播，但它是次要的，因为它只能传输工作于长波长 FSO 所传数据速率的一部分。宽带 RF 技术成熟且便宜，电信公司已使用得非常有效。

　　对于 1km 的中等链路长度，无须注册频谱的毫米波也可用来支持与 FSO 链路相比拟的数据速率，这个频率为 60GHz，但与雾相比，它更易于受雨影响（与 FSO 链路相反）。

　　此外，每个节点可包括环境监测机制，基于大气模型来预测即将发生雾和雨等引起的中断。但是，这些机制增加了成本和节点的复杂性，它们的费用需要在特殊应用中去证明其合理性。

　　当然在任何情况下，都需要精确的自动跟踪以避免由风的位移引起的对信号恶化的误判。

　　对地球到空间应用，GHz 范围内的备份频率使用高增益（抛物面形）天线以克服氧吸收。

3.5　点到多点 FSO

　　FSO 点到多点拓扑可认为是接入网络，见图 3.7。下行方向的这个技术比上行方向的要复杂，因为需要使用许多光束，多点拓扑中的每个终端节点有着各自的光束。可预见此类拓扑有两种情况：第一种使用广播光束以较宽的角度发散以连接所有多点终端节点，第二种使用多个光束，每个光束定向各自的终端节点。很明显，与第二种情况相比，第一种较简单且更经济。

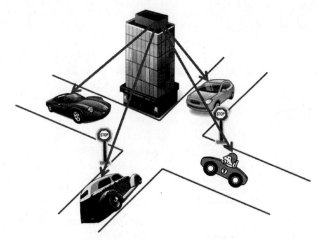

图 3.7　FSO 点到多点拓扑概念

尚未部署此处描述的 FSO 点到多点拓扑。然而，更有希望实现能提供一簇节点的点到点 FSO 链路的拓扑，其中光信号被转换，并被广播到多个使用一个较新协议的 RF 节点，如全球微波互联接入（WiMAX），它提供下行数据速率达 37 Mb/s，上行数据速率达 10 Mb/s [17]。

3.6　点到移动的 FSO

本部分描述一个 PtP FSO 拓扑，其包含一个主要静止节点和一个或多个移动节点。这个拓扑适于靠近的飞机与航空塔之间、船和岸上移动交通工具（船到岸）之间、静止地球站和低轨卫星（LEOS）之间等的通信应用。这些方法实际上就是节点中的自跟踪系统，也是视线有效性。

在第一种应用中，由于飞机靠近速度快，要在很短的时间内发送与着陆相关数据有关的大量信息。例如，波音 747 的着陆速度约为 180mile（约 290 km/h）或 3mile/s（约 5 km/s）。若飞机离落地有 10km 远，一定要进行修正（方向、角度和速度等），数据通信的可用时间量、响应时间（修正行为）和落地前的验证是非常短的。这种情况下，激光束用几分之一秒的时间传输必要的数据以节省时间，在某些情况下，时间可能非常重要。

在船对岸情况中，通常使用的 RF 技术是全向天线，因此它可被敌方接收机接收到，与之相比，激光束可提供较高的通信安全。由于激光束较窄，通信安全不太可能受损。光束上传输的数据量可能超高（Gb/s）或中等（约 100Mb/s），在任何情况下都足以传送所有类型的数据（声音、视频、图像和文件）。无论如何，LoS 是最重要的，毕竟此项技术非常依赖于地形。若地形不允许 LoS，也可能有飞机悬停在离开岸边装有 FSO 转发器的船上，很明显，这种情况下需要船上或飞机上有着精密的自主跟踪系统。

除了全光点到移动的 FSO 网络外，还提出 FSO 和 RF 混合的移动自组织网（MANET）等。将一个混合 FSO 和 MANET 网络进行整合，给自身提出了许多挑战，尤其是在快速移交、移动节点增加和删除（是 ad – hoc 网络的一部分），ad – hoc 网络中每个节点需要维持 LoS 和带宽、管理、检测、成本效率以及显而易见的动态自动跟踪等。

参 考 文 献

1. S.V. Kartalopoulos, *Understanding SONET/SDH and ATM*, IEEE/Wiley, 1999.

2. S.V. Kartalopoulos, *Next Generation SONET/SDH: Voice and Data*, IEEE/Wiley, 2004.

3. ASCE 7-02 Standard, *Minimum Design Loads for Buildings and Other Structures*, SEI/ASCE, 2002.

4. Council on Tall Buildings and Urban Habitat, "Tall Buildings in Numbers. Tall Buildings in the World: Past, Present and Future," *CTBUH Journal*, vol. 2, pp. 40–41, 2008.

5. S.V. Kartalopoulos, *DWDM: Networks, Devices and Technology*, IEEE/Wiley, 2003.

6. X. Zhu and J. M. Kahn, "Free space optical communication through atmospheric turbulence channels," *IEEE Trans. Communications*, vol. 50, pp. 1293–1300, August, 2002.

7. X. Zhu and J. M. Kahn, "Performance bounds for coded free-space optical communications through atmospheric turbulence channels," *IEEE Trans. Communications*, vol. 51, pp. 1233–1239, August, 2003.

8. M. Uysal, S. M. Navidpour, and J. T. Li, "Error rate performance of coded free-space optical links over strong turbulence channels," *IEEE Communications Leters*, vol. 8, pp. 635–637, October, 2004.

9. M. Uysal and J. T. Li, "Error rate performance of coded free-space optical links over gamma-gamma turbulence channels," in Proc. of IEEE International Communications Conference (ICC'04), Paris, France, pp. 3331–3335, June, 2004.

10. M. A. Al-Habash, L. C. Andrews, and R. L. Philips, "Mathematical model for the irradiance probability density function of a laser beam propagating through turbulent media," *Optical Engineering*, vol. 40, pp. 1554–1562, August, 2001.

11. http://www.dirsig.org/docs/manual/.

12. http://www.rese.ch/pdf/MODO_Manual.pdf. Retrieved 23 January, 2011.

13. Berk et al., 1999, MODTRAN4 User's Manual, Air Force Research Laboratory.

14. J. Akella, M. Yuksel, and S. Kalyanaraman, "Error analysis of multi-hop free-space-optical communication," *IEEE International Conference on Communications (ICC)*, vol. 3, pp. 1777–1781, 2005.

15. V. Gambiroza, B. Sadeghi, and E. W. Knightly, "End-to-end performance and fairness in multihop wireless backhaul networks," *ACM Mobicom*, pp. 287–291, 2004.

16. J. F. Labourdette and A. Acampora, "Logically rearrageable multi-hop lightwave networks," *IEEE Transactions on Communications*, vol. 39, no. 8, pp. 1223–1230, 1991.

17. IEEE 802.16e, "IEEE Standard for Local and metropolitan area networks Part 16: Air Interface for Fixed and Mobile Broadband Wireless Access Systems," 2005.

第4章

环形自由空间光通信系统

4.1 绪 论

目前，自由空间光通信已成功应用于诸多领域：陆地通信、空间通信、商业通信以及军事通信。FSO 激光束的频率为 THz（1.55μm）频（波）段，可支持高达几个吉比特每秒的高数据速率。因此，与 RF 或者微波技术相比，可支持更多的终端用户。目前，较为经济的应用主要有以下几种：

（1）话音、数据和视频通信；

（2）企业内部通信；

（3）不易到达地区通信；

（4）限时高速宽带网络；

（5）临时性服务活动；

（6）灾难避免（避灾）；

（7）灾难恢复；

（8）监视；

（9）最后/最初 1 英里接入；

（10）电信迂徊；

（11）局域网（LAN）和城域接入网（MAN）；

（12）如图 4.1 所示的点对点，带分插的点对点、环形和网孔形拓扑网络。

在陆地通信系统中，FSO 点对点（PtP）结构的通信范围为数百米至数千米；而在星地和星间通信系统中，该结构的通信范围为数千千米。FSO PtP 结构也可应用于深空通信。

在通信距离超过允许链路长度的陆地应用中，需要使用 FSO 接力，或者第 3 章所述的 FSO 分插节点。在这种情况下，带分插功能的 FSO 节点需要不止一个收发机，它们也可组成环形拓扑结构的环形城域网。事实上，由于 FSO 链路是全双工（双向）的，因此它可构成一个双向环结构的城域网，如图 4.2 所示。

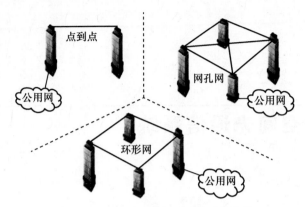

图 4.1 点对点、网孔型以及环形拓扑

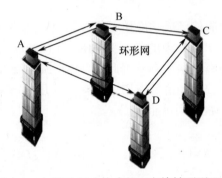

图 4.2 全双工 FSO 构成的双向旋转环型 LAN

在通信中，环形网络和网状拓扑并不新颖，它们的故障机理以及业务保护机制，在光纤局域网和城域网中，已被广泛研究[1-3]。在光纤局域和城域环型网的应用中，主要有三种环形网络形式：单纤环，双纤环和四纤环。

4.2 环形网络拓扑和业务保护

单向通道单环是所有拓扑中最脆弱的，一旦链路发生故障，整个环上的数据都会中断（图4.3）。

双向通道环网也会受到故障的影响，但若采取环回机制就可将故障链路分离出去而不影响业务传送，如图4.4所示。由于 FSO 环形拓扑是全双工且双向的，因此上述机制也可应用于 FSO 环形网络。但是，该 FSO 网络的节点需要具备以下功能：可环回（详见第3章）、有故障检测机制、有激活环回机制的协议。环回一般发生在物理层、收发信机前端（从检测器至激光器之间）或者 MAC 层（路由器的存储器），如图 4.5 所示。

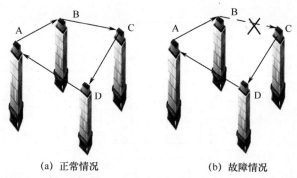

(a) 正常情况　　　　　　　　　(b) 故障情况

图 4.3　简单的单向环网上的单一故障（环上节点 B、C 之间）中断了信息

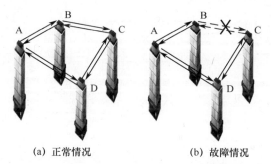

(a) 正常情况　　　　　　　　　(b) 故障情况

图 4.4　双向通道环形拓扑构成的双向环（a），采用故障检测和数据环回机制
隔离故障链路（b）。节点 B、C 之间执行数据环回

虽然单向通道的双环拓扑结构无法应对链路故障情况，但若该拓扑采用反向业务和业务环回机制，则在链路故障的情况下，该拓扑仍可保证业务不中断传输。由于 FSO 链路为全双工方式，很容易构建双向环，因此上述故障恢复机制也可应用于 FSO 环形拓扑。同样地，该 FSO 网络的节点需要具备环回功能（详见第 3 章），且有故障检测机制和激活环回机制的协议。

由于双向通道四环拥有两对双向环结构，且环上每个节点都具有故障监测机制、多路数据环回策略以及更加复杂的保护协议，因此也可实现故障恢复功能。虽然每个节点的定位和自动跟踪与简单节点相同，但是成本更高一些，因此更适合应用于一些生存性要求高、高服务可用性以及高网络可用性的场合。

4.3　带有分插功能的环形网络节点

如图 4.4 所示是节点支持分插功能的双向环。在第 3 章，我们已经讨论了拥有两个接收机，具有分插功能的 FSO 节点设计，这些节点也可应用于双向环。分插节点是一个简单的 2×2 开关，可实现业务的直通、分插和环回。环回主要适用于测试链路和避免故障链路的节点，如图 4.5 所示。

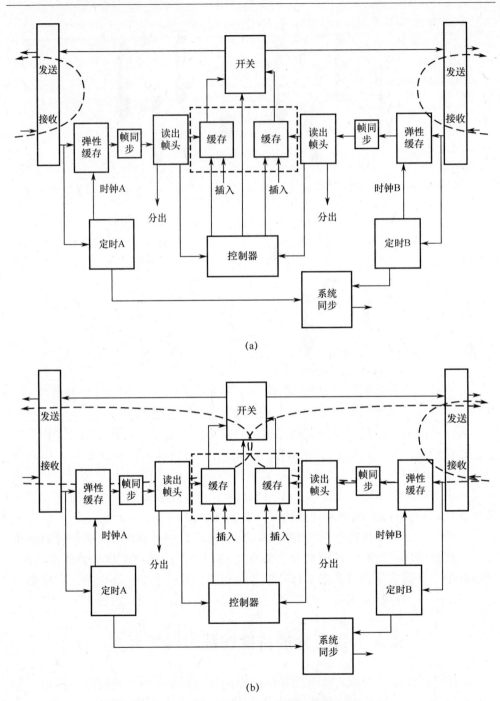

(a)

(b)

图 4.5 （a）物理层的数据环回（探测器至激光器之间）；
（b）MAC 层数据环回（通过存储缓存）

由于分插业务本身的带宽高，可同时支持多个终端用户。于是，分插节点会与多个终端相连。

这种带有分插功能的环形拓扑同样适用于同步轨道卫星网络。在该应用环境下，每一个卫星都构成了一个环形节点，星间通道（ISL）为激光束和/或微波链路。事实上，为了能有更好的网络生存性，每一条 ISL 必须包含多路激光束（一路用来传输工作业务，一路作为空闲链路或者"保护"链路，即所谓的"1 + 1"保护）。

由于带有 ISL 的卫星网络可实现节点之间的直接路由，减少了通信时令人讨厌的延迟和回声，提高了信号质量，改进了网络保护。因此，使得几十年前不可能实现的"天空网络"成为了现实。

4.4　级联/相交环

在网络中，单个环（或一个 LAN）本身是不实用的，只有当它与其他环（或 LAN）相接时，它才实用。在这种情况下，其中一个节点被设计为环上的必备节点，它同时也是一座能够与其他类似环相连接的桥，这种情况也就是所谓的"对等连通性"。一个环上的业务流，在桥上被短路，准备发往相邻环上的数据包或者数据帧在桥上被检测到，然后发送至相邻环，如图 4.6所示。

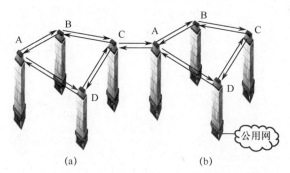

(a)　　　　　　　　(b)

图 4.6　FSO 环上的桥（节点 A 和 C）传输数据到相邻环

4.5　具有网络连通性的环网

在实际网络环境中，单个环（或 LAN）必需接入到网络中，才能使环上任意节点与全球范围内其他的节点实现通信连接，如图 4.6 所示。在这种情况下，环网上与网络连接的节点必须能够将自己的 LAN 协议映射到网络协议中，例如基于 SDH 的以太网（EOS）和基于 DS3 的以太网（EODS3）等[4]。

参 考 文 献

1. S.V. Kartalopoulos, "Disaster Avoidance in the Manhattan Fiber Distributed Data Interface Network," Globecom'93, Houston, TX, pp. 680–685, December 2, 1993.

2. S.V. Kartalopoulos, "Surviving a Disaster," *IEEE Communications Mag.*, vol. 40, no. 7, pp. 124–126, July, 2002.

3. S.V. Kartalopoulos, "Security of reconfigurable FSO Mesh Networks and Application to Disaster Areas," SPIE Defense and Security Conference, March 16–20, 2008, Orlando, Florida, paper no. 6975–9, Session S2; Proceedings on CD-ROM.

4. S.V. Kartalopoulos, *Next Generation Intelligent Optical Networks*, From Access to Backbone, Springer, 2008.

第 5 章

网状自由空间光通信系统

5.1 绪 论

在第 4 章，讨论了如何将自由空间光技术应用于点对点和环形 FSO 拓扑。本章将讨论网状（孔）形 FSO 拓扑（Mesh – FSO）。

网孔形拓扑比环形和 PtP 拓扑都要复杂，因此，分析采用网孔形拓扑的原因动机。

尽管 PtP 拓扑非常成功地在视距范围（LoS）的两点间快速建立通信链路，但是受到其定义所带来的局限性。首先，该链路不能连接超过 2 个节点；其次，2 节点间的距离受限。如果 2 节点间的距离超出节点间最大可用距离（陆地应用中典型值≤4km），则需使用中继节点（可带有/不带有分插功能）。然而，中间节点使得网络的复杂性、成本、服务、网络保护以及维护成本也会相应的增加。因此，PtP 拓扑的应用受到了一定的限制。由于 PtP 具有弱的网络结构和业务保护，一旦链路故障不可修复，则 2 点之间的通信就会阻断。

环形拓扑可连接的节点数量大于 2 个。尽管这些节点均具有分插功能，且其中环上 1 或 2 个节点还构成桥，据此环网可连接到其他网络。虽然环网中节点间距离较短，但是环网的范围却很大。此外，环网有好的网络结构和强的业务保护功能。

网孔形拓扑可以连接任意数量的节点，并且可根据网络需要，任意调整节点间距离或者节点内链路（INL）的距离至几百米或者几千米，因此，网孔形网络的范围一般可达到几十平方千米。其不利一面，随着每个节点 INL 数量的增加，网孔形网络中节点的复杂性（即设计和维护的复杂性）也会相应增加；同样地，该网络的成本效益（费效比）也相应增加。为了优化网络成本效益，相应的就需要进行拓扑规划和拓扑控制，这是根据优化算法来确定网络节点间的连通性。网孔形网络已获得广泛深入的研究，其优势在于：可应用于各种多节点网络、便于升级与扩容、以非常高的数据速率传输超大容量的标准业务（对于 FSO 网络应用，其单链路速率最高可达 10Gb/s）且可提供最佳的网络与业务保护。正是由于网孔形 FSO 网络可扩容升级和动态拓扑设计，网孔网络可应用于 ad – hoc 网络，当然 LoS 是需满足的。

5.2　网状拓扑的 FSO 节点

考虑如图 5.1 所示可能节点的网络拓扑，注意，任意网孔网络拓扑中的这些节点，可以有 2、3、4 或者更多个 INL。

图 5.1　相互间在可视范围覆盖一定区域的节点示意图

显然，随着 INL 数量的增加，节点的复杂性也随之增加。原因是，由于地形并不完全平坦，并不是所有节点都能保持在同一平面，每一个 INL 与同节点其他 INL 相比都在不同方向。而现实是，由于每个 INL 需要保持 LoS，对于多 INL 链路的节点，维护 INL 跟踪更加复杂，系统的成本也就随着 INL 链路数量的增加而增加。因此问题是，如何在给定网络上满足 LoS 的节点数量，设计一个效益成本（效费比）最高的网络，就成了一个亟待解决的问题。显而易见，需要寻找一个网络，它由 INL 链路尽可能少的节点构成，同时对所有节点皆提供连通性。

在回答这一问题之前，首先来研究与这个问题相关的参数。

5.2.1　Mesh – FSO 拓扑的相关参数

这里的挑战是：给定节点位置和拓扑，确定最佳或最优的连通性以满足所有节点间至少有两条 INL 链路互相连接、所有链路均为全双工节点、节点间链路最大距离不能超限且每个节点的 INL 链路数量不能超出预先设定值 N；N 要满足设计复杂性和成本性能的要求；对于链路长度超出最大允许长度的情况，可以考虑加入中继节点。

为了简化 Mesh – FSO 拓扑分析，可做一定程度的假设，认为区域是平坦的，如果网孔网络面积大小在几平方千米之内覆盖平滑地面，这是一合理的假设。还可以假设每个节点在离水平地面不同高度，因此激光束在参考方框（平面）的不同水平高度和方向上，如图 5.2 所示。这种情形的假设比每个节点都在同一水平更贴近实际，因此，一些节点上的激光束构成的实际夹角更小，实际链路长度可能更长，并且其定位和捕捉也就有一个较大的动态范围。当然，实际的网孔FSO 的分析和优化是一个更为复杂的几何学问题。

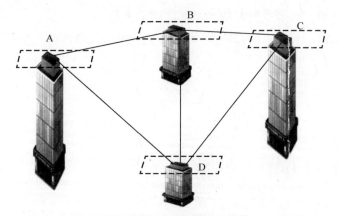

图 5.2　同一平坦区域位于不同高度的网孔 FSO 的节点

　　因此，在给定网络节点位置，需要将它们连接起来，显然有多种选择。如图 5.3 所示，给出了同样节点的两种组网方案，其中，图 5.3（a）为由 2、3 条INL 构成的网孔 FSO 拓扑，图 5.3（b）为由 2、3、4 条 INL 的构成网孔 FSO 拓扑。

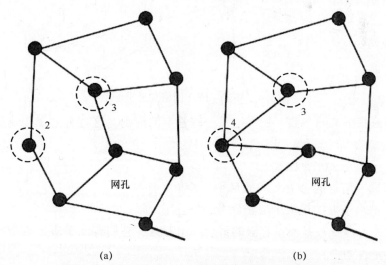

(a)　　　　　　　　　　　　　(b)

图 5.3　（a）含有 2、3 条 INL 的网孔 FSO 网络；
（b）含有 2、3、4 条 INL 的网孔 FSO 网络

　　但是，许多情况下平坦区域的假设是不正确的，特别是对于不平坦的山林地区或者不同高度的建筑物。对于这种情况，首先需要给每个节点建立一

个如图 5.4 的三维笛卡儿参考坐标系，然后将该坐标系应用于图 5.2，相对于不同的参考方框，每个节点的位移变得一目了然，夹角可能更小并且链路长度更长。

基于上述参数，就可以定义以下基本参数：

（1）水平距离：投影在水平地面上的两节点之间距离。

（2）方位角：与节点所在的水平面之间的夹角。

（3）外侧角：与节点所在的平行于 ZOX 平面的夹角。

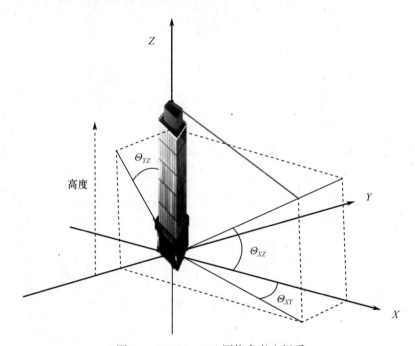

图 5.4 Mesh – FSO 网络参考坐标系

有了这些定义的参数，还需定义一些基本的规则，这将有助于构建最佳的网孔网。

（1）节点最大水平距离。

（2）同一节点两个 INL 间的最小方位角和外侧角。

（3）每个节点的最大 INL 链路数量 N_{max}。

接着是：涉及服务质量容限的最后一组参数，它们有助于决定恶劣气候条件下服务质量，如：

（1）由于雾、雨等大气效应所造成水平距离的最大容许恶化（偏差）。

（2）由于风造成的方位角及外侧角的最大容许恶化（偏差）。

（3）由于节点所在的杆柱、天线塔或高楼的热涨冷缩造成的节点水平高度的最大容许恶化（偏差）。

以上，同样考虑了地面震动是如何影响每个节点的每个 INL 位置的。

5.2.2　Mesh – FSO 的节点设计

对一些网孔 FSO 网络分析表明：3 或者 4 是每个节点 INL 数量的满意数字，同时仍然保持可接受成本、性能以及网络效率。更复杂的网络即每个节点需要更多的 INL 数，这样使得网络更加复杂、网络成本过高，采用合适的拓扑策略、设计与控制，这可被最小化[1-4]。

如图 5.5 所示，网孔 FSO 节点由一个简单的 PtP 收发端构成，该收发端终结一条链路，交换和路由功能由节点的服务器或者交换机完成，服务器或交换机不在收发端内（典型的情况是在室内设备上）。这种结构就可以在不同的环境下（温度、湿度、风向等）对每个收发端单独配置。不过，随着集成度的不断增强，目前的技术可以将两个或者更多个收发器集成在同一个机箱中，确保经受同样的外部环境（温度、湿度等）条件，同时仅需要安装一个支架即可，但是需要架设在大楼的最高点，以确保 360°的发送（辐射）视场角。

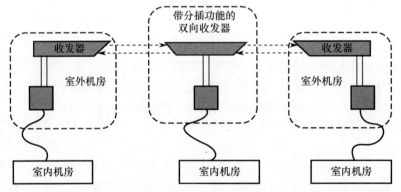

图 5.5　由独立 PtP 收发机构成的网孔 FSO 前端与带有分插功能的单节点端机相似

基于以上分析，网孔 FSO 网络节点应该可被集成，其光学和光电部分（透镜、激光器和光检测器）可全部在一个小的或独立的机房（机箱）内，但是，电交换功能是一个小的组件（装配），需要一个小盒子。小的元器件印制板允许较小的热电制冷/加热模块（TEC），可以更好调节机箱和盒子内环境条件[5]。图 5.6 给出了一个三方向全双工 INL 节点（不包含捕捉及控制机制），集成的多个发送/接收机同样适合于前面讨论的 ad – hoc 网络[6,7]。

5.2.3　Mesh – FSO 的网络保护

在网孔形网络中，故障涉及到链路（发送机、接收机或者链路放大器/中继

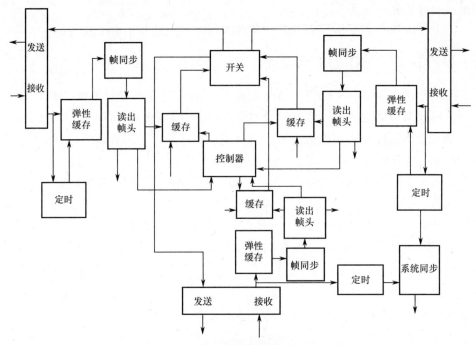

图 5.6 三方向 INL 链路节点功能示意图

器等）或者节点（由于软件/控制的误动作导致的误操作行为的节点），甚至一连串的节点或节点群（如在灾难情况）。链路终端单元都有监测或者探测机制来识别故障[8]，在某些情况下，还可以对信息传送业务性能的恶化进行识别[9]，总之，网络识别故障节点群（在灾难情形）和避免故障都是智能的[10,11]。

也就是说，对网孔形网络的研究已经非常深入，并且该结构的网络可提供很好的网络服务以及节点和网络的保护。这都来自网络的能力，即在各个层次上（链路、节点、节点群）的故障监控和检测、自动路由业务到其他路由以及节点采用路由算法重算网络的最佳跳数，并且根据服务协议保证业务的优先权，保证业务平衡使网络中所有节点以可接收的性能传送网络业务。

5.2.4 Mesh – FSO 的可扩展性

网络的可扩展性是指在业务正常提供的前提下，网络灵活添加或者移去节点的能力。一般而言，网孔形网络添加或者移去节点的能力是非常好的。这是由于在网络出现一个或多个故障时，网孔形网络可以通过重新路由业务到很少用到的链路和节点来保证业务。于是，当有节点加入网络时，网络可根据配置或者自动发现（这两者取决于网络采用的协议）的方式来识别这个新节点，并且，一旦网络识别了这个新节点，该节点就成为这个网络的一部分，可以随时参与业务的传送，如图 5.7 所示。

相反地，如果网络需要移去一个节点，在实际网络中会将该节点看作一个故

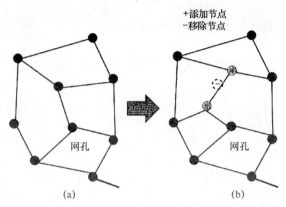

图 5.7　（a）Mesh-FSO 网络，（b）添加或移除了节点的 Mesh-FSO 网络

障节点，在保证网络流量均衡和不发生拥塞的前提下，会对通过该节点的业务进行重新路由；但是，在此情况下，与被移去节点相邻的节点是不能发出告警的。并且网络节点需重新调整节点数和网络连接，这是因为网络节点及其链路的减少导致了网络业务量的减少。

对于网孔形 FSO 网络来说，其业务容量、业务选路和业务均衡都同样被研究。然而，由于该网络频繁受到大气环境变化的影响，这种增加的不确定性，会使业务选路和均衡更具挑战性。当有雾在 FSO 节点时，网孔网络节点（群）会受到影响。

网孔 FSO 网络的扩展是一个 ad-hoc 网络，明显地，该网络的节点可以任意添加或者移去，节点的添加或者移去都会引起网络三维空间位置的改变，继而影响一些网络的基本参数。因此，LoS 要求和快速跟踪机制使得物理网络设计更具挑战性。

5.3　Mesh-FSO 与 RF 的混合

如前所述，FSO 网络受环境（雨、雾、雪等）影响较大。当大雾或者其他恶劣天气影响通信，FSO 链路性能达到了不能接收的水平，RF 链路可作备用来替代光链路并且在这种情形期间保证最小可接收的基本服务（最低通信）[12,13]。

由于 FSO 拓扑受大气条件影响，因此网络中偶尔会有一条甚至多条链路的性能低于可接收水平，在这种情况下，应当考虑使用备用 RF 链路，并且还应有一套备用算法[14]。然而，问题是到底需不需要给网孔形 FSO 网络的每一个链路都配置备用 RF 链路。

答案其实不简单，这取决于网络中的节点数量、每个节点的链路数量、网络中节点的密度或稀疏度、网络的覆盖范围以及网络遇到故障或灾难避免（容灾）策略等。即可以给网络中的每条 INL 链路配置一个备用链路，也可以几个重要的 INL 链路可以备份以构建一个 RF 链路覆盖，这结合能提供业务的故障避免机制，如图 5.8 所示。

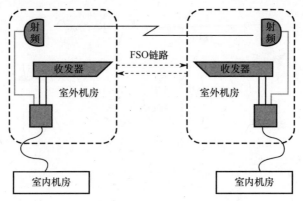

图 5.8　带有备用 RF 链路的 FSO 系统

5.4　FSO – 光纤混合网

在某些情况下，网孔形（Mesh）– FSO 网络包含很多节点。这些节点遍布市区和郊区，而光纤通信网络通常在市区内。在这种情况下，要考虑采用混合 FSO – 光纤网络，以便一个 FSO 网络充当一个或者多个光纤网络的扩展连接远程节点或者光纤网络无法连接的节点。

也就是说，混合 FSO – 光纤网络适用于光纤在某些地方已有（大多情况是光纤环拓扑）并且已经服务企业网的一些节点，但不是全部。在这种情况下，FSO 网络可以充当一个简单的点对点网络或者一个小型的环网或者一个 Mesh 网络，更甚至可以与接入网的无线集成以保证终端用户的移动性（详见第 7 章），如图 5.9 所示。

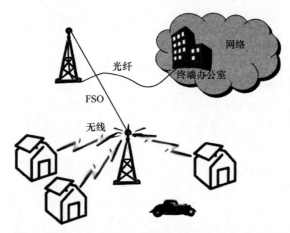

图 5.9　采用无线接入方式以保证终端用户的移动性的 FSO 扩展网络

参 考 文 献

1. I.F. Akyildiz, X. Wang, and W. Wang, "Wireless mesh networks: a survey," *Computer Networks*, vol. 47(4), pp. 445–487, 2005.

2. P.C. Gurumohan and J. Hui, "Topology design for free space optical networks," *ICCCN*, 2003.

3. A. Kashyap, M. Kalantari, K. Lee, and M. Shayman, "Rollout algorithms for topology control and routing of unsplittable flows in wireless optical backbone networks," Conference on Information Sciences and Systems, 2005.

4. A. Kashyap, S. Khuller, and M. Shayman, "Topology control and routing over wireless optical backbone networks," Conference on Information Sciences and Systems, 2004.

5. S.V. Kartalopoulos, "Free Space Optical Mesh Networks For Broadband Inner-city Communications," NOC 2005, 10th European Conference on Networks and Optical Communications, University College London, July 5–7, 2005, pp. 344–351.

6. A. Desai, J. Llorca, and S. Milner, "Autonomous reconfiguration of backbones in free space optical networks," *IEEE MILCOM*, pp. 1226–1232, 2004.

7. A. Desai and S. Milner, "Autonomous reconfiguration in freespace optical sensor networks." *IEEE JSAC Optical Communications and Networking Series*, vol. 23, no. 8, pp. 1556–1563, 2005.

8. S.V. Kartalopoulos, *DWDM: Networks, Devices and Technology*, IEEE/Wiley, 2003

9. S.V. Kartalopoulos, *Optical Bit Error Rate: An Estimation Methodology*, IEEE/Wiley, 2004.

10. S.V. Kartalopoulos, "Bidirectional Mesh Network," Issued 2/25/1997, 5,606,551.

11. S.V. Kartalopoulos, "Surviving a Disaster," *IEEE Communications Mag.*, vol. 40, no. 7, July 2002, pp. 124–126.

12. H. Izadpanah, T. Elbatt, V. Kukshya, F. Dolezal, and B.K. Ryu, "High-availability free space optical and RF hybrid wireless networks," *IEEE Wireless Networks*, vol. 10, no. 2, pp. 45–53, 2003.

13. A. Kashyap, A. Rawat, and M. Shayman, "Integrated backup topology control and routing of obscured traffic in hybrid RF/FSO networks," *IEEE Globecom*, 2006.

14. A. Kashyap and M. Shayman, "Routing and traffic engineering in hybrid RF/FSO networks," *IEEE International Conference on Communications (ICC)*, 2005.

第 6 章

波分复用网状自由空间光通信

6.1 绪 论

波分复用（WDM）是一项光学技术，由独立波长定义的光通道在光域复用并一起耦合到一根光纤。这项技术首次落户（应用）于光纤通信[1-4]。这样做了以后，单根光纤传输的数据总量被乘以了光通道数。举例，如 80 个光通道复用并耦合到了一根光纤，每条光通道传输 10Gb/s 的数据，那么这根光纤总的数据速率则为 80 × 10 = 800Gb/s。

WDM 是一项技术，其标准文献建议和定义了一系列的规范和技术要求，包括频谱管理和每个通道的中心波长。本章最后会介绍两种 WDM 技术，密集波分复用（DWDM）和粗波分复用（CWDM）。

由于 WDM 技术中总数据速率复用（成倍）的特点，WDM 技术也可应用于 FSO 通信网络。然而，在后一情况下，人们应记住光纤是一导光的媒质，其参数为人们所熟知且在长光纤中经历长时间都是均匀的。在 FSO 中，大气是非导引的光学传输媒质，在较短的距离和时间周期内具有变化的参数。

尽管大家对光与介质之间相互作用的物理机理都很了解，但是光与大气之间的相互作用是一个挑战，因为受分子组成、分子密度、温度等是连续变化的，因此，想要给光在大气中的传播建立模型是比较困难的。仅能从宏观的层面，在某一天的某个特定时刻，针对特定链路中的一些参数，如衰减参数，进行测量，这也就意味着对于同一链路同一天的同一时刻前 10m 的衰减参数与后 10m 的都会发生变化，等等。

因此，简要回顾光纤通信中的波分复用技术并与自由空间作比较，以便于能评估 FSO 系统中的 WDM 技术。

6.2 光的属性

光的量子力学量是光子。光子由麦克斯韦电磁理论的波动方程描述，它是建立在光的干涉特性基础之上的，同样，由普朗克理论描述可知，光子的行为类似于质量轻的粒子，也就是说，光具有波粒二象性。事实上，电磁波具有这两种特性可能是普遍的，尽管长波长电磁波的行为更具有波的特性，粒子特性不明显，短波长电磁波的波动特性不明显，更具有粒子性（如伽马射线），可见光（包括红外光和紫外光）的行为在两方面是相同的。因此，光子由两种特性来描述，当在自由空间和介质中传播时，两种性质会相互影响。另外，光被应用于光通信，光通道并不是严格意义的单色（即不是单个波长），而是由很窄光频带宽中的许多个波长组成，仅当一个光子时可能被考虑为一个波长。表 6.1 为光的特性及其意义。

表 6.1　光的特性及意义

特性	意义
波粒二象性	电磁波和粒子（$E = hv = pc^2$）
偏振	圆偏振、椭圆偏振、线偏振（$TE_{nm} TM_{nm}$）； 受场和物质的双重作用（偏振演化，偏振色散）
光功率	宽范围 $\mu W \sim MW$，受电介质的影响
传播特性	自由空间直线传播，在介质中会有吸收、散射、偏振演化、变速、可能的色度色散、可能的四波混频现象，在光波导（光纤）中会随光纤的弯曲改变传播方向
由许多波长 λ_s 组成的光通道	连续光谱，可能的色度色散影响，可能的四波混频影响
相位	受变化的场和物质的影响

6.3　光学介质

　　光进入物质，其电磁场就会与介质中局部化的磁场相互作用。结果是光的性质发生变化以及在一定条件下，物质的性质发生改变。光的场强以及波长、偏振态以及物质的性质（介电常数、密度等）决定光的传播是如何受到影响的。另外，外界的温度、压力以及其他场（电场、磁场和重力场）也会影响光和物质的相互作用。

6.3.1　均匀和非均匀介质

　　均匀光学透明介质是指该介质的浓度、化学、机械、电的、磁的特性以及晶体特性在其体内各个方向上都是一致的。

　　非均匀光学透明介质则是指该介质体内无论是浓度还是其化学、力学、电的、磁的特性以及晶体特性都不相同。

　　基于以上定义，大气信道在较长的距离内（几百米）就不能看作均匀介质。

6.3.2 各向同性和各向异性

各向同性光学透明材料指该介质体内的各个方向上的折射率、偏振态以及传播常数都是相同的。若介质不具有上述特性则被称为各向异性介质，如图 6.1 所示。

(a) 各向同性（$n_1=n_2=n_3$）　(b) 各向异性（$n_1 \neq n_2 \neq n_3$）

图 6.1　各种同性和各向异性电介质

各向异性作如下解释：对于某些晶体，如方解石 $CaCO_3$，其中的电子运动在选择的方向上有不同的自由度，因此介电常数和折射率在选择的不同方向上是不同的。因此，如果光子进入了这类晶体，其电磁场在某个方向上的相互作用与另一个方向是不同的，这就影响通过晶体传播的光。

FSO 系统中，光穿过并在其中传播较长距离的大气不能认为各向同性。

6.3.3 光在透明绝缘电介质中的传输

如前所述，光进入物质会受到物质表面的反射和物质的折射并且除频率之外，它的速度和波长也会发生改变。全书中，记住这一点是重要的。

6.3.3.1 相速度

沿光纤轴向传播的单色（单个频率 ω 和单个波长 λ）波由下式描述：

$$E(t,x) = A\exp\left[\mathrm{j}(\omega t - \beta x)\right] \tag{6.1}$$

式中：A 为场的幅度；$\omega = 2\pi f$；β 为传播常数。

相速度 V_ϕ 定义为保持与传播场恒定相位的观察者的速度，也就是说 $\omega t - \beta x =$ 常数。

用时间 t 来表示传播距离 x 即 $x = V_\phi t$，则介质中单色光的相速度为

$$V_\phi = \omega/\beta \tag{6.2}$$

6.3.3.2 群速度

当信号在介质中传播时，需要了解其传播速度。一个连续的正弦波不能提供任何有意义的信息，因为实际的光波包括一个窄谱的频带，即在很窄的频率范围内会有很多频率成分。更有甚者，其中的每一个频率成分在介质中传播时有微小的相差。因此，每一个分量在介质中传播时有微小差异的相速（$\beta_c + \Delta\beta$），这可由相移计算（其中 β 为传播常数）。

群速度 $V_g = c/n_g$ 定义为与介质中传播信号的群包络保持恒定相位的观察者的速率。其定义如下：

$$V_g = \omega/\Delta\beta = 1/\beta' \tag{6.3}$$

式中：β' 为 ω 的一阶偏导数。

6.4　光与介质的相互作用

当光子遇到物质，光子电磁场会与物质的原子和分子相互作用，这种相互作用依赖于物质的浓度和结构，会影响光子的特性和材料的特性。在许多情况下，光影响物质，反过来物质也会影响光。

6.4.1　反射和折射——Snell 定律

当光线照射到两种均匀透明介质分界面时（如自由空间和玻璃，两个不同温度的层），其中一部分会被反射，剩下的部分会被折射，如图 6.2 所示。

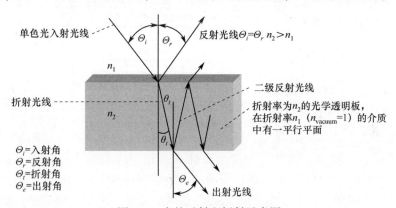

图 6.2　光的反射和折射示意图

透明介质的折射率（n_{med}）被定义为单色光在自由空间的传播速度 c 与其在介质中的传播速度 V_{med} 之比：

$$n_{\mathrm{med}} = c/V_{\mathrm{med}} \tag{6.4}$$

折射率为 n_1 和 n_2 的两种介质之间，并且相应介质的传播速度分别为 V_1 和 V_2，则下式关系保持

$$n_1/n_2 = V_1/V_2 \tag{6.5}$$

且有

$$n_1\cos\beta = n_2\cos\alpha \tag{6.6}$$

式中：一般情况下，α 和 β 分别为入射角和反射角。

当入射角很小时，有 $\cos\alpha = 1 - \alpha^2/2$，且余弦方程可简化为下式：

$$n_1(1 - \beta^2/2) = n_2(1 - \alpha^2/2) \tag{6.7}$$

自由空间的折射率为1，其他介质的折射率一般在1~2之间，在某些情况下大于2或3。（在所谓的"超材料"的情况下可能为负值）。

单色光被反射的部分称为菲涅耳反射。反射光的功率和偏振态取决于入射光的偏振状态、入射角和折射率差。一般情况下，对于单一表面的正常入射，反射系数ρ可由菲涅耳方程得出：

$$\rho = (n-1)^2/(n+1)^2 \tag{6.8}$$

如果横跨长度为d的材料吸收为A，可由吸收系数为α（每米被吸收的功率）计算，那么该介质的内部透过率τ_i定义为材料吸收的倒数。

下面基本关系式是非常有用的：

自由空间的光速：$c = \lambda f$；

介质中的波长：$\lambda_{med} = c/\left[f\sqrt{\varepsilon}\right]$；

介质中的速度：$V_{med} = \lambda_{med} f$；

折射率：$n_1/n_2 = \lambda_2/\lambda_1$。

式中：f为光的频率；ε为介质的介电常数。通常字母f和v都可表示频率，这里使用f，以避免v（速度）和v（频率）之间的混淆。

6.4.2 光与介质的偏振

传输光子的偏振态和电介质之间，会以影响光的传播特性的方式相互作用。

6.4.2.1 偏振矢量

物质的电学状态（电特性）在微观层面上包括电荷，其分布取决于外电场的出现（存在）与否。假设每一个正电荷都有相对应的负电荷，那么这一对正负电荷对就可组成电偶极子。偶极子在一定距离上的电矩（电偶极矩）是距离与电荷密度的函数。那么，对于一定的电偶极子分布，其单位体积的电偶极矩就被称为偏振矢量P。

6.4.2.2 横波

两个平面之间的关系描述了光在绝缘（非导电）介质中的传输：

$$E(r,t) = \varepsilon_1 E_0 e^{-j(\omega t - k \cdot r)} \tag{6.9}$$

$$H(r,t) = \varepsilon_2 H_0 e^{-j(\omega t - k \cdot r)} \tag{6.10}$$

式中：ε_1和ε_2分别定义了场方向上的二个恒定单位矢量；k为传播方向上的单位矢量；E_0和H_0为复振幅，其在空间和时间上均为常数。

假设波在没有电荷的介质中传播，那么（del）$E = 0$，（del）$H = 0$，基于此，则单位矢量积有

$$\varepsilon_1 \cdot k = 0, \varepsilon_2 \cdot k = 0 \tag{6.11}$$

即电场（E）和磁场（H）垂直与传播常数k方向，如图6.1（a）所示。这

种波就被称为横波。

6.4.2.3　圆偏振、椭圆偏振和线偏振

电磁场的偏振是一个非常复杂的主题，尤其是当光在各个方向上折射率不同的介质，即非均匀介质中传输时。

当光在介质中传播时，光一旦进入到偶极子附近场，就会与该场发生相互作用。这样的相互作用会不同程度影响特定方向光的电场和磁场强度，以致最终结果可能是一个具有椭圆分布或者线性分布的复杂的场。

例如，电场 E 变成为笛卡儿坐标中的两个复杂场，E_{ox} 和 E_{oy} 的线性组合：

$$E(r,t) = (\varepsilon_x E_{ox} + \varepsilon_y E_{oy}) e^{-j(\omega t \cdot r)} \tag{6.12}$$

上式关系谓意着正弦变化的两个分量，E_{ox} 和 E_{oy} 是相互垂直的，且它们之间可能有一个相位差 ϕ。

那么，由式

$$(del)^2 E = (1/v^2)(\theta^2 E/\theta t^2), \tag{6.13}$$

和式

$$E(r,t) = \varepsilon E_o e^{-j(\omega t - k \cdot r)} \tag{6.14}$$

可得

$$k \times k \times E_o + \mu_o \varepsilon \omega^2 E_o = 0 \tag{6.15}$$

或者

$$[k \times (k \times I) + \mu_0 \varepsilon \omega^2][E_o] = 0$$

式中：I 为强度矩阵。该矩阵实际上是一个矢量方程，等价于含有 E_o 的三个未知分量 E_{ox}，E_{oy}，E_{oz} 的一组齐次线性方程。典型情况下，分量 E_{oz} 是波沿着传播方向上的分量，该值一般为零。该方程决定了矢量 $k(k_x, k_y, k_z)$ 之间的关系、角频率 ω、介电常数 $\varepsilon(\varepsilon_x, \varepsilon_y, \varepsilon_z)$ 以及平面波的偏振态。

式中 $[k \times (k \times I) + \mu_0 \varepsilon \omega^2]$ 项描述为三维表面。由于复电场被分解为几个连续分量，每个分量以不同的相位在介质中传播，那么，就可以用相位关系和每个矢量大小来定义波的偏振模式：

（1）如果 E_{ox} 和 E_{oy} 数值相等且同相，那么该波为线偏振波。

（2）如果 E_{ox} 和 E_{oy} 之间有除 90° 以外的相差，那么该波为椭圆偏振波。

（3）如果 E_{ox} 和 E_{oy} 大小相等，但是它们之间的相差为 90°，那么该波为圆偏振波。

举例来说，圆偏振光（沿 z 轴传播）的波方程为

$$E(r,t) = E_o(\varepsilon_x \pm j\varepsilon_y) e^{-j(\omega t - k \cdot r)} \tag{6.17}$$

则其 x 方向和 y 方向分量的二个实部为

$$E_x(r,t) = E_o\cos(\boldsymbol{k} \cdot \boldsymbol{r} - \omega t) \tag{6.18}$$

$$E_y(r,t) = -/ + E_o\cos(\boldsymbol{k} \cdot \boldsymbol{r} - \omega t) \tag{6.19}$$

这些方程表明，空间某点的场是电矢量，其大小恒定，但以角频率 ω 旋转，作圆周运动方式。且有：

（1）$\varepsilon_x + j\varepsilon_y$ 项表示逆时针旋转（面对着远去的波），这类波称为左旋偏振或正螺旋性。

（2）$\varepsilon_x - j\varepsilon_y$ 表示顺时针旋转（面对着远去的波），这类波称为右旋偏振或负螺旋性。

那么利用用正负螺旋性表示，电场分量 E 重写为

$$E(r,t) = (\varepsilon_+ E_+ + \varepsilon_- E_-)\mathrm{e}^{-\mathrm{j}(\omega t - k \cdot r)} \tag{6.20}$$

式中：E_+ 和 E_- 分别表示正负旋转方向的复振幅。且有：

（1）如果 E_+ 和 E_- 同相但幅值不同，那么式（6.20）就表示主轴在 ε_x、ε_y 方向的椭圆偏振波，且半长短轴之比为 $(1 + r)/(1 - r)$，其中 $E_-/E_+ = r$。

（2）如果 E_+ 和 E_- 幅值不同，且 $E_-/E_+ = r\mathrm{e}^{\mathrm{j}\alpha}$，那么矢量 E 画出椭圆形轨迹，其主轴被旋转了 $\phi/2$。

（3）如果 $E_-/E_+ = r = +/-1$，那么该波为线偏振波。

上述对电场 E 的分析同样适用于磁场 $\boldsymbol{H}$。

简单来说： 单色光的电磁波特性表明，其电场和磁场是相互正交的且随时变化的。当光在自由空间传播时，其电场和磁场分量分别位于相互垂直的两个平面中，均为正弦变化，如图 6.3 所示。

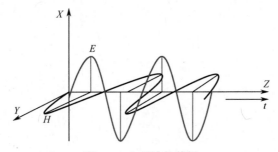

图 6.3　电磁波的传播

当光进入物质中，取决于物质位移矢量分布（以及绝缘特性和折射率），光的电场和磁场分量会以不同的方式相互作用。如果电场平面和磁场平面位于笛卡儿坐标系上且为固定，则该光为线偏振光。相反地，如果这两个平面保持以圆形（螺旋形）运动变化，且其（矢量）场强保持不变，则光就是圆偏振光。此外，如果场强以圆形轨迹运动但场量强度成单调变化，那么光就是椭圆偏振光。如图 6.4 所示为平面波沿轴向的偏振分布。

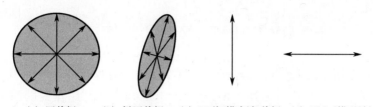

(a) 圆偏振　　(b) 椭圆偏振　　(c) TE线(横电波)偏振　(d) TM（横磁波）线偏振

图 6.4　圆偏振、椭圆偏振以及线偏振

TE：横电波；TM：横磁波。

现在，如光被分解成为两个分量，一个为线偏振分量 I_p，另一个为非偏振分量 I_U，那么偏振度 P 可由下式给出：

$$P = I_P/(I_P + I_U) \tag{6.21}$$

光被反射、折射或者散射时都可能会有偏振。

在发生偏振中，其偏振度取决于入射角及介质材料折射率的影响，由布儒斯特定理给出。

$$\tan(I_P) = n \tag{6.22}$$

式中：n 为折射率；I_p 为起偏角。

6.5　介质的双折射

各向异性介质在特定方向上有不同的折射率。当一束非偏振单色光以特定角度进入材料并通过它，会在不同的方向上以不同的指数发生折射，如图 6.5 所示。也就是说，当非偏振光进入该介质时，会被分成两束光，这两束光的偏振、方向以及传播常数都不相同。其中一束我们称为寻常光（O 光），另一束称为非寻常光（E 光）。其折射率分别为寻常折射率 n_o 和非寻常折射率 n_e，光学介质的这种特性被称为双折射。

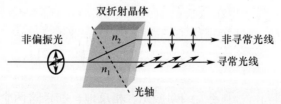

图 6.5　通过双折射介质的光线被分为不同偏振模式的两束光

一般来说，所有光学透明介质都有不同程度的双折射，晶体的分子密度高于大气，因此晶体的双折射要高于大气[5]。

6.6 DWDM 和 CWDM 光信道

FSO 技术已应用了与光纤通信同样的光频段，位于波长范围 1260 ~ 1625nm。该频段可利用现有电信器件的优势，而 780 ~ 880nm 频段可利用垂直腔面发射激光器（VCSEL）器件的优势。

针对二种不同的光通信应用，即密集波分复用（DWDM）和粗波分复用（CWDM），ITU 技术规范定义了位于波长范围 1280 ~ 1620nm 之间的光谱以及位于其中的光通道。DWDM 更精确也因此比 CWDM 成本更高，更适用于长途（几十千米）通信。CWDM 相对成本较低，较适用于短途（几千米）通信。因此，考虑距离和成本，CWDM 更适用于 FSO 系统。

6.6.1 DWDM 波长间隔

用于光通信的光谱带宽 1260 ~ 1625nm 已被划分为 5 个波段。

1528 ~ 1561nm 称为 C 波段，1561 ~ 1660nm 称为 L 波段波，目前这两个波段常用于光纤通信网络。波长范围在 1260 ~ 1360nm 的 O 波段以及 1360 ~ 1460nm 的 E 波段，1460 ~ 1528nm 的 S 波段，目前都未划入使用。这些波段留待未来和特殊应用。

ITU – T G.692 标准规定了光通道（具有中心波长）从参考中心频率 196.10 THz（或者对应的中心波长 1528.77 nm）开始 [6, 7]，然后每增加或减少 50 GHz（或对应波长间隔 0.39nm）定义为其他光通道的中心频率或波长。

基于相同的参考基准频率（196.10THz 或者 1528.77nm 波长），通过增加或减少 100GHz、200GHz 或者 400GHz，ITU – T 还定义了稀疏通道的波长间隔。另外，还定义了密集的波长间隔 25GHz，这样整个全光谱内的密集波长间隔超过了 2000 个光通道。

6.6.2 CWDM 波长间隔

ITU – T G.642 同样也在波长范围 1261 ~ 1621nm 之间定义了 18 个光通道路 20nm 的粗波长间隔。这样的频率间隔可容许由于器件温度变化引起的大的光谱漂移，因此，适用于经济型的光接入网，如光纤到家（FTTH），以及基于光纤的小型的媒质局域网。

CWDM 的光通道的中心频率与 DWDM 的定义不同，它们推荐波长为：1271nm，1291nm，1311nm，1331nm，1351nm，1371nm，1391nm，1411nm，1431nm，1451nm，1471nm，1491nm，1511nm，1531nm，1551nm，1571nm，1591nm，1611nm。

显然，上述波长系列均可应用于点对点或网状波分复用 FSO 网络。在这种情况下，一个或多个光通道可透明通过一个节点（透传），也可以由它们的目的节点终结。

6.7　波分复用 FSO 链路

基于由 ITU‒T 标准定义的波长间隔，CWDM 光通道可以很容易应用在 FSO 网络，特别是 1311nm、1531nm、1551nm 和 1571nm 波长。

FSO 系统，复用的光通道可归结为发射两个或多个光束，每一个对应一个波长，相互平行通过大气，即向同一接收端（目标）发射了一个多通道的光束。

在接收端，通过滤波器将多通道光束分解成各自的光通道，该过程可以采用现有解复用方法中的任意一种。

复用光通道数是 2^n 或 2、4、8 的倍数，虽然每个光通道的实际速率较低，但 FSO 系统仍可以维持有效的高数据速率。举例来说，如果采用 4 个光通道，每个通道中的实际数据速率为 250Mb/s，则光束的有效数据速率可以达到 1Gb/s。由于每个光通道的数据速率较低，因此这种方法[8]更适于较长链路和/或更高性能的链路。

另外，WDM 网络（环网和网状网）有利于信息选路，并且可以提供更好的服务可用性和业务生存能力[9-13]。

6.8　波分复用网状 FSO 网络

本节考虑这样一种情形，一个或多个节点的 FSO 网络需要建立，并且要描述设计所需采取的主要活动。即通信设计始于一空白页（从零开始），要求设计人员（他/她）在上面画上有意义的图画（写出详细设计步骤）[14]。

6.8.1　网状网设计

网络通信设计面临的挑战是研究所有与传输需求有关的已知参数（如数据速率、网络容量、业务/流量模型、节点数目等）以及识别所有与拓扑有关的未知参数，从而使该网络能够达到并超过通信的所有需求、经济合理性、能够提供优质的业务保护功能以及互连节点之间尽可能少的节点间链路。为了达到上述要求，要遵循一种优化方法，据此可以采用将网络中所有节点相互连接并且以最大效费比的方式进行。另外，还要考虑每个链路建立多个光通道（2 个或 4 个），无论是为了降低每个信道的数据速率，或形成多重的网络覆盖。这种网络可看作是一个拥有相同节点的并存网络，但是每一个网络仅利用其中一个光通道。

　　在最典型的案例中，FSO 网络中的节点个数一般比较少，只有 4～20 个，那么这就使网络设计更加容易，可以采用经验的优化算法而不需要复杂的优化算法设计网络。拥有很多节点（几百个）的 FSO 网络是典型的，对于这种情形，复杂的优化算法开发是研究人员唯一的兴趣所在。

　　通信需求的参数确定之后，网络的设计分析包括以下主要步骤：

　　（1）对布设 FSO 网络的区域进行勘查。

　　（2）区域内节点的位置。

　　（3）测量每个节点的海拔、与相邻节点之间的距离（一般这些节点在最大可用距离之内）、到相邻节点的水平和垂直方向俯仰角。

　　（4）定位区域内的问题事件（如障碍遮挡了视线，或者遮挡的角度超出了定位机构所允许的最大角度范围）。

　　（5）识别可支持与公共网络连通的 FSO 网络节点（同步或异步的）。

　　（6）评估每个节点的峰值和平均数据业务量，以及整个网状网络可承受的最大总的业务量。

　　（7）根据业务量确定每个节点是采用一个波长光通道还是采用多个光通道（WDM）。

6.8.2　链路对准

　　网状网节点应该有汇集在一起的多个收发端机或物理上独立放置的多个收发端机。

　　汇集的多个收发端机是指两个或两个以上的收发端机装配在同一个机箱（壳）内。在这种情况下，收发端机要么堆放或堆叠在一起（一个位于另一个的上面），或者平铺（共同位于一平面）配置。在堆叠配置时，收发端机要保证每个设备能在其平面内进行 360° 的侧向旋转并且能够进行 $\pm\Theta°$ 的垂直（上下）调整，Θ 由制造商给出，一般情况下应大于 45°。在共面平铺时，这些设备应该能够在角度为 $2\pi/n$ 的扇面内侧向旋转，其中 n 为收发端端机的个数，并且能够进行 $\pm\Theta°$ 的垂直（上下）调整，其中，Θ 由制造商给出，一般情况下应大于 45°。

　　独立收发端机是指虽然这些收发商端机都安装在同一个屋顶，但实际上每个收发端机都放置在自己机壳中，似乎它是单个收发端机。

　　链路的定位、对准和追踪机制与工作流程仍同前文的描述。

6.8.3　网状网优化

　　网状网优化是在网络工程拓扑分析初始阶段执行的任务。假设某一区域内可能的节点，如图 6.6 所示。

图 6.6 可能的 FSO 节点航拍图

在此情形下,构建最简单的网络是环形网络,如图 6.7 所示。但是,环形网络的业务保护能力不如网状网,所以同样的节点可能互连形成一个网状拓扑,如图 6.8 所示。在网状拓扑情况下,同样要达到每个节点的链路数量不超过 3 条的目的。经研究,已经发现对于中型网状网,具有 2~3 条链路的节点,对于构建一个经济的网络是有效的[15]。

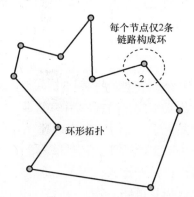

图 6.7 如图 6.6 所示节点可以构成环形 FSO 拓扑

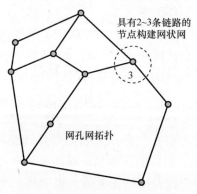

图 6.8 如图 6.6 所示节点可以构成网孔形 FSO 拓扑

6.9　网状网 FSO 的业务保护

网状 FSO 网络可以考虑为全双工或半双工链路。全双工链路有大的业务容量，且可以提供更好的针对节点或链路故障时的业务保护[16-18]。半双工链路简化了节点结构，且提供适当的业务保护和可接受的服务质量。两种情况下，一旦网络检测到故障节点，业务会重新路由到一条由经典的路由策略和算法计算出的独立路径。

一般来说，网状 FSO 网络都采用故障和性能监测机制，故障管理和保护策略类同于陆地通信网络、故障管理机制以及保护机制。这些机制都可以基于网络性能（如误码率（BER））、误码检测以及纠错码（EDC）或者其他先进的评估策略[19]。

当检测到链路故障或者服务质量恶化时，要测试节点或链路。这些测试通过执行数据环回进行。数据环回是通过配置开关矩阵实现的，也就是通过维护与控制分组执行现行的协议（如 SONET/SDH 和 GbE）。

可以考虑以下的故障/恶化：

（1）由于烟、雾或者未对准或者其他原因造成的链路性能恶化，使得链路性能低于给定比特率的正常值，仍然高于最小可接收的比特率。正是这种情况，系统会产生较高的误码，如果空间条件改善（雾消散）或变差（雾变浓），还需要对链路恶化趋势进行跟踪。

（2）由于烟、雾或者未对准等原因引起的链路恶化，造成接收电平低于最低可接收电平时，恶化被认为是严重的，为了与永久链路故障有所区别，尽管作了标记，但这种情况仍被认为是链路故障。

（3）由于故障链路引起的链路硬故障。这种故障有可能是持续的（硬故障，永久性的失准）。

（4）由于大气效应造成的多节点性能恶化。例如当大雾笼罩了多个节点，就会导致节点性能低于给定比特率的正常值，仍然高于最小可接收的比特率，这种恶化有可能在可接受的电平内，也有可能是严重的。

6.9.1　链路性能恶化

造成链路性能恶化的因素有很多。大风会导致链路失准从而降低链路性能。同样地，尘埃粒子（如雾、雪、烟、沙尘、暴雨等）也会导致信号的衰减。

如果链路性能低于给定比特率的正常值，仍然高于网络设计规则设置的最小可接收比特率，那么节点就会实施下列措施中的一条：

（1）按照预定步骤逐渐降低比特率，然后激活备用 RF 链路传输额外业务。

（2）节点可仅切换至备用 RF 链路。

无论哪种策略，都需要智能化和相应的网络拥塞协议来协调相邻的节点做出相应的调整以均衡网络流量或确保业务传输。另外，如果网络中的业务被分散到降级的 FSO 链路或备用 RF 链路进行传输时，网络会根据链路的恶化程度和净荷的类型对业务进行自动分流，或者采用多播技术链路承载所有类型的净荷（话音、数据、音乐、视频）。

6.9.2　链路硬故障

链路硬故障是一个永久的状态，直至链路接入服务，可像网孔网的任何链路故障一样处理，即业务可以绕过故障链路重选路由到其他路径。如果提供有备用的 RF 链路，那么 RF 链路可继续进行降级服务。很显然，在这种情况下，需要流量均衡，甚至在某些情况下，低优先级的业务有可能会被拒绝。

严重恶化按故障进行处理，即使是这种情况，只要这些情况（如雾或烟）不出现，希望的服务将被自动恢复。

6.9.3　多节点失效

多节点失效会影响网络整体的吞吐量。如果有备用 RF 链路支持，业务流被分流，其中一部分可以通过 RF 链路传输，其余部分在性能恶化的链路上传输，同时保证整个网络流量平衡。业务分流根据链路劣化的程度或者基于远程节点配置。

当发生严重的链路恶化时，就会采用一个灾难回避（容灾）协议，绕过受影响的网络区域和/或切换到备用 RF 链路。如果没有备用 RF 链路，那么该网络的部分或整体不能正常工作。

6.10　WDM 网状 FSO 与 EM 无线网

EM 无线网（频谱位于 VHF 以下的无线网络）具有在视距或非视距范围的通信中都可保证终端节点移动性的特点。但是视距网状 FSO 网络却具有高带宽、长距离以及多数 EM 无线网不具备的安全特性。而在某些应用场合中，带宽是重要的，因为它可传输实时的高分辨率数据，而且还需要有足够的安全性[20]。

尽管 EM 无线网不能承载 WDM 网状 FSO 的高带宽，但可支持 FSO 网络，因为其对雾、雪不敏感的特性可应用在 FSO 网络中。

以下对两种技术作一对比，如表 6.2 所列。

表 6.2　EM 无线网与 WDM 网状 FSO 网络比较

	EM 无线网	WDM 网状 FSO	对通信的重要性
终端用户的移动性（总体上）	高	低	高
连续数据速率	低	非常高	高
分组数据速率	中等	非常高	高
数据速率×距离	低	很高	高
安全特征	低	很高	很高
损害	有时	有时；当有备用 RF 链路时无损害	高
配置灵活性	容易	容易	高
网络可靠性	中等	高	高
网络可用性	中等	高	很高
网络鲁棒性	中等	高	很高
成本/BW	低	低	与应用有关

　　总的来说，EM 无线网技术的移动性要优于其他技术。但是它的移动性受其带宽有限的限制，只能传输一些话音或者低速率的业务。实际上 EM 无线网也可以传输高数据速率的业务，但是这样的话其天线间的距离就相应的变短，并且每个天线能够保障的设备数量也会减少。

　　相对来说，WDM 网状 FSO 网络可以提供视距内的移动通信，可同时支持多个终端长距离高于 10Mb/s 的超宽带通信，同时还可提供更安全、更具有鲁棒性的通信。另外，如果 FSO 节点还支持备用 RF 链路，那么 WDM 网状 FSO 网络则完胜 EM 无线网。

参 考 文 献

1. S.V. Kartalopoulos, *Introduction to DWDM Technology: Data in a Rainbow*, IEEE/Wiley, 2000.

2. S.V. Kartalopoulos, *DWDM: Networks, Devices and Technology*, IEEE/Wiley, 2003.

3. S.V. Kartalopoulos, "Ultra-Fast Self-Restoring Optical WDM Channels with Enhanced Service Availability", Proceedings of the 12th WSEAS International Conference on Communications, ISBN: 978-960-6766-84-8, July 2008, pp. 58–61.

4. S.V. Kartalopoulos, "Next Generation Hierarchical CWDM/TDM-PON network with Scalable Bandwidth Deliverability to the Premises", *Optical Systems and Networks*, vol. 2, pp. 164–175, 2005.

5. R.M.A. Azzam and N.M. Bashara, "*Ellipsometry and Polarized Light*", North Holland, Amsterdam, 1977.

6. ITU-T Recommendation G.652, *Characteristics of a single-mode optical fiber cable*, October 1998.

7. ITU-T Recommendation G.671, *Transmission characteristics of passive optical components*, November 1996.

8. S.V. Kartalopoulos, "Bandwidth Elasticity with DWDM Parallel Wavelength-bus in Optical Networks", *SPIE Optical Engineering*, vol. 43, no. 5, pp. 1092–1100, May 2004.

9. D. Banerjee and B. Mukherjee, "Wavelength-routed optical networks: Linear formulation, resource budgeting tradeoffs, and a reconfiguration study," *IEEE/ACM Transactions on Networking*, vol. 8, no. 5, pp. 598–607, 2000.

10. R.M. Ramaswami and K.N. Sivarajan, "Design of topologies: A linear formulation for wavelength routed optical networks with no wavelength changers," *IEEE/ACM Transactions on Networking*, vol. 9, no. 2, pp. 186–198, 2001.

11. E. Leonardi, M. Mellia, and M.A. Marsan, "Algorithms for the logical topology design in WDM all-optical networks," *Optical Networks Magazine, Premiere Issue*, vol. 1, no. 1, pp. 35–46, 2000.

12. Z. Zhang and A. Acampora, "Heuristic wavelength assignment algorithm for multihop wdm networks with wavelength routing and wavelength re-use," *IEEE/ACM Transactions on Networking*, vol. 3, no. 3, pp. 281–288, 1995.

13. S.V. Kartalopoulos, *DWDM: Networks, Devices and Technology*, IEEE/Wiley, 2003.

14. S.V. Kartalopoulos, "Free Space Optical Nodes Applicable to Simultaneous Ring & Mesh Networks", Proceedings of the SPIE European Symposium on Optics & Photonics in Security & Defense, Stockholm, Sweden, 9/11–16/2006, paper no. 6399-2.

15. S.V. Kartalopoulos, "Protection Strategies and Fault Avoidance in Free Space Optical Mesh Networks", IEEE ICCSC'08 Conference, Shanghai, May 26–28, 2008; Proceedings on CD-ROM: ISBN 978-1-424-1708-7.

16. S.V. Kartalopoulos, "Free Space Optical Nodes Applicable to Simultaneous Ring & Mesh Networks", Proceedings of the SPIE European Symposium on Optics & Photonics in Security & Defense, Stockholm, Sweden, 9/11–16/2006, paper no. 6399-2.

17. S.V. Kartalopoulos, "Surviving a Disaster", *IEEE Communications Mag.*, vol. 40, no. 7, pp. 124–126, July 2002.

18. S.V. Kartalopoulos, "Disaster Avoidance in the Manhattan Fiber Distributed Data Interface Network", Globecom'93, Houston, TX, pp. 680–685, December 2, 1993.

19. S.V. Kartalopoulos, "Circuit for Statistical Estimation of BER and SNR in Telecommunications", Proceedings of IEEE ISCAS 2006, May 21–24, 2006, Kos, Greece; on CD-ROM, paper #A4L-K.2, ISBN: 0-7803-9390-2, Library of Congress: 80-646530.

20. S.V. Kartalopoulos, *Next Generation Intelligent Optical: Networks: from Access to Backbone*, Springer, 2008.

第 7 章

网状自由空间光通信与公网的综合

7.1 绪 论

目前，自由空间光通信技术已经用于传输与标准协议兼容的业务，例如下一代同步光纤网络/同步数字体系、以太网、异步转移模式和互联网协议 TCP/IP。这些协议都是由公用（光纤）网络支持的。

最好使用一个网络提供商也支持的标准化协议，这可以确保互操作性，避免将一个协议转换成另一个协议。这可避免额外封装和适配的步骤。然而，这并不是一直都可能的，因此将一个协议转换成另一个协议是必要的。

应该指出的是无线光通信技术不受协议限制，它可以支持任何同步和异步通信、数据协议（如 DS1，DS3，IP，Ethernet，SAN，FC），包括私人定制协议，其中 DS1 和 DS3 分别是数字服务等级 1 和 3，SAN 代表存储区域网，FC 代表光纤通道（Fiber Channel）。

典型的光纤网络支持下一代 SONET/SDH over WDM。这个最初的 SONET/SDH 协议很让人惊讶，尽管它发展于 19 世纪 80 年代，但它仍然比其他现代协议更加优秀。19 世纪 80 年代提供的服务并没有如今服务的可变性。因此，为了满足现在和未来的市场需求，这个最初的协议已经被更新并且发展出了它的扩展协议。

下一代 SONET／SDH 包括了扩展协议，用于传输传统的业务（DS1，DS3，ATM）和数据业务（以太网，互联网等），具有灵活的流量分配、智能路由方案，弹性带宽、组播能力，更好的管理策略，以及面向未来的技术，这些都增加了下一代数据网络的效率和成本竞争力。

原有 SONET／SDH 协议的开发是为了支持传统的数据速率，从 DS0 到 DS3 甚至更高，从而满足实时性的要求，具有鲁棒性，支持快速业务保护（50ms 或更少）。SONET／SDH 支持的网络拓扑结构有两个或四个光纤环，点对点，以及级联环，这些都有效仿真了网状拓扑结构[1]。

SONET／SDH 协议是基于特定大小的帧结构，最小的帧是由排列成 9 行 90 列的矩阵字节组成。这个帧的前三列（对于 SONET 称为 STS‐1，对于 SDH 称为

ATM － 0）分配给额外开销的传送（段和线路），其余 87 列，其中 1 列用于通道开销，84 列用于为用户提供净负荷，其余 2 列未使用（称为"固定填充"）。净负荷的填充可以通过支路单元（在 SDH 中是 TU）或包含最终用户数据特定大小的虚支路（在 SONET 中 VT），SONET/SDH 的结构在本章接下来的部分介绍。

　　SONET/ SDH 的网络拓扑、保护倒换和目标速率已经达到并超过。高达OC －12（622Mb/s）的初始使用数据速率已经提升到 OC － 768（40GB /S）。

　　在光同步数字传输网体制初步成功之后，波分复用（WDM）在光纤网络方面取得了显著的进展。基于波分复用的光同步数字传输网（SONET/SDH Over WDM）是一种很自然的解决方案，但它在流量效率、服务灵活性、业务保护机制和成本方面引起了一些问题，却不及那些以爆炸性数据为中心的网络，诸如以太网、因特网等。这产生了下一代具有竞争力协议的产生，被称为下一代 SDH /SONET（NG － S），其中包括通用多协议标志交换协议（GMPLS），SDH 链路接入规程（LAPS），通用成帧规程（GFP）和链路容量调整机制（LCAS）。采用新协议，现在的 NG － S 能够在各种网络拓扑（环型和网状）中，通过适配路径传输同步业务，如话音、视频和异步数据[2]。

　　在本章中，具体描述专用主流的协议，包括以太网、因特网和下一代 SONET / SDH，其中包括 MPLS、LABS、GFP 和 LCAS 这四个协议。此外，描述协议适配的方法，即如果两个协议不同，一个协议是如何被映射到另一个协议的，这样 FSO 可使用一个标准的协议映射到网络提供商的标准协议，实现 FSO 与整个通信网络的融合。

7.2　以太网协议

　　30 年前开发的以太网协议是针对有层次的局域网（LAN），它适合树状拓扑结构，具有高数据速率、简单、短距离传输、快速安装、容易维护及低成本的特点[3]。

　　以太网是作为一个工业标准（IEEE 802.3）被接受的，因为它是一个简单、公共的标准，且它的成本随着技术的进步不断降低，因此它的受欢迎程度与日俱增。

　　因为最初以太网的开发不是用来与电话技术、差错控制、网络保护、信息安全、实时数据传输竞争的，并且服务质量等级（QoS）是其次的。然而，新的以太网协议版本较传统以太网更具扩展性，数据传输速率为 1Gb/s、10Gb/s、40Gb/s 甚至 100Gb/s，拥有话音、高速数据和实时视频文件传输机制。

　　最初的以太网协议是基于树型拓扑结构的。以太网终端可以发起数据帧传输。因此，有可能存在两个或两个以上终端同时尝试传输帧数据，从而发生访问冲突。为了避免该冲突，所有的以太网终端采用载波侦听多路访问/冲突检测（CSMA/CD）机制，通过"平等公平对待所有终端"原则解决冲突，该机制是基于一个预定的碰撞窗口和对传输网络的主动监测。如果载波缺失/等待至少两个碰撞窗口，当前终端就可以传输载波。如果两个或两个以上的终端开始传输，它们可以通过"传输监测"原则检测访问冲突，然后避让。在经历一个随机时间之后，它们再次启动。

传输从前导信号开始（一串 0 和 1 的交替信号），前导的目的是为听取并且使接收端获取稳定的时钟。前导代码之后是个数据包，包括帧开始的分隔符、源地址 ID 号、目的地址 ID 及其他信息，包括有数据域的长度，紧接着是用户数据，最后是以帧数校验序列结束。

以太网的 CSMA/CD 工作方式如下：树状网上每个节点"侦听"网上业务，当一个节点传送时，只有当网络"安静"时，它才能传输。也就是，这儿没有其他节点要传输信号，这是以太网协议的 CSMA 部分；如果有两个节点同时尝试传输，它们会察觉到对方（也就是，它们探测到冲突），这时，它们都会避让并且在随机的时间间隔后重新尝试，这是以太网协议的 CD 部分，后者的帧结构如图 7.1 所示。

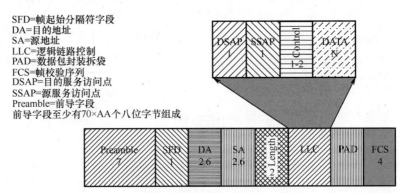

图 7.1　CSMA／CD 以太网的帧格式

有好几种由以太网衍生出来的协议，虽然目前它们没有全部被 FSO 网络采用，为了完整起见，一些为铜缆定义的协议也一并列举如下：

（1）10BASE–T 和 100BASE–T 以太网，为非屏蔽双绞线定义，传输速率为 10Mb/s 和 100Mb/s。

（2）1000BASE–X 以太网，为非屏蔽双绞线（即 X = T）和光纤（即 X = F）定义，传输速率 1000Mb/s。

（3）10GbE 以太网，为光纤上传输 10Gb/s 的速率定义的。

（4）40GbE 以太网，为光纤上传输 40Gb/s 的速率定义的。

7.2.1　1Gb 以太网

1000BASE – x 吉比特以太网是从 100BASE – x100Mb/s 以太网和 10BASE – T10Mb/s 的以太网演化而来的。吉比特以太网最初为双绞铜电缆定义，被称为吉比特以太网并应用于光纤[4-6]，它与其前身"快速以太网"后向兼容，因此它使用载波侦听多路访问/冲突检测（CSMA/CD）访问方法。在 FSO 网络中，吉比特以太网也同样流行。

以太网定义了几个层，媒介接入控制层（MAC）、物理媒质独立子层（PMI）和物理层（PHY），物理层由物理子层和介质相关接口子层（MDI）组成。

吉比特以太网还定义了一个介于 PMI 和 PHY 之间的中间层，称为媒质无关接口（MII）。媒质无关接口的作用是为以上各层提供介质的透明性，并允许前面所描述的各种介质（有线、多模光纤 MMF 和单模模光纤 SMF）。

媒介接入控制层（MAC），在客户数据帧的组装和拆卸以及帧发送到下层过程中提供了网络访问的可控性。它还提供了网络接入的兼容性，端到端和所有路径上的中间媒体接入控制层。MAC 层可以选择性地提供全双工或半双工功能；全双工意味着 MAC 同时支持发送和接收。MAC 层还可以请求抑制后续对等设备在 MAC 预定期间进一步发送帧，并且适用于第二逻辑 MAC 子层。在后一种情况下，除了数据字段和长度的解释可能不同，基本的帧格式被保持。它对于优先分组同样支持虚拟 LAN（VLAN）标志（见 1998 年、IEEE80 2、3ac 标准）。

在吉比特以太网标准中，定义了 1000Base – SX、1000Base – LX、1000Base – CX 和 1000Base – T 四种传输介质。前两个（1000Base – SX 和 1000Base – LX）考虑了光纤物理介质和光纤通道（FC）技术连接工作站、超级计算机、存储设备和外围设备，最后两个（1000Base – CX 和 1000Base – T）考虑了铜作为媒介。

1000BASE – T 并不是在串行吉比特每秒速率下定义的。相反，它是在四个非屏蔽双绞线（UTP）–5 类线上定义的，100Ω 的铜电缆，最大长度为 100m，符合 ANSI/ TIA/ EIA –568 对电缆的要求，每对速率 250Mb/s。相反，1000BASE – T 符合 100BASE – T 相同的拓扑规则，并且支持半 – 双工和全 – 双工 CSMA/ CD。它还与 100BASE – TX 使用自动协商协议。四对线形成平行电缆，每一根线保持符号率小于等于 125M 波特，见图 7.2。

因为 1000BASE – T 是为铜缆定义的，这些标准必须解决回声、近端串扰、远端串扰、噪声、衰减和 EMI 等已知的问题。为了保持噪声，回波和串扰在较低水平，达到 10^{-10} 比特误码率，分别采取了以下设计策略：

（1）4D 8 状态网栅前向误码校验码（FEC）。

（2）数字技术的信号均衡。

（3）PAM – 5 多电平编码，其中每个符号代表五个电平 –2，–1，0，+1 和

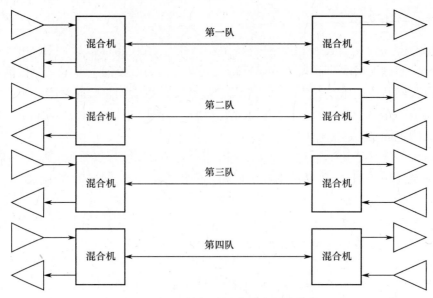

图 7.2　四组并行和同步对共享总带宽

2 中的一个，四个电平用于数据，第五个电平用于 FEC 编码。这两个因素使得信号带宽降低。

(4) 发射机的脉冲整形匹配传输信道的特性提高了信噪比。

(5) 传送符号序列的随机加扰降低了发送信号的谱线（带宽）。

因此，1000BASE – T 可以很容易地进行适配和简化用于四通道的 WDM FSO，每个通道工作在 250Mb/s 速率（为获得更好的性能，可靠性和更长的链路长度），其中，总比特率是 1Gb/s。请注意，在这种情况下，由于 FSO 传输是光学的，所以前 1~4 项可被简化或消除。

1000BASE – CX 标准定义了长度很短（可达 25m）的单对"双芯"屏蔽双绞线（ST）铜缆的吉比特以太网。除了 UTP 电缆，802.3ab 标准已经定义了光纤光缆的标准。这些标准是 1000BASE – SX 的短波长光纤（850nm，MMF）和 1000BASE – LX 的长波长光纤（1300nm，SMF）。这些标准也可用于 FSO 传输。

1000BASE – LX 标准为在 1300nm 波长，采用光学通道传输定义了吉比特以太网，单模光纤长距离（最多 3km）或者多模光纤（550m）。

1000BASE – SX 标准为在 850nm 波长，使用光学通道传输定义了吉比特以太网，纤芯直径为 50μm 的多模光纤（最高达 300m）或纤芯直径为 62.5μm 的多模光纤（最高达 300m）。

由于吉比特以太网定义了 1000BASE – CX，1000BASE – SX，1000BASE – LX 和 1000BASE 四种物理媒质，必须将透明性引入媒体访问控制层（MAC）。所以在 MAC 层定义了一个新层，被称为协调子层和吉比特媒体无关接口（GMII），见图 7.3。

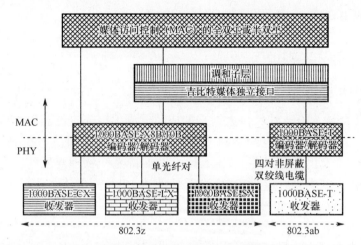

图 7.3　MAC 和 PHY 层之间的调和子层和吉比特媒体独立接口（GMII）

GMII 提供了与物理层独立无关性，使得相同的 MAC 层可用于任何媒质，为了向后兼容它支持 10Mb/s、100Mb/s 和 1000Mb/s 的数据传输速率。它还包括诸如管理数据时钟信号和管理数据的输入/输出，基础和扩展（可选）寄存器。该寄存器用于自动协商、功率关断、本地环回、物理层复位、全双工/半全双工选择等。

在发送方向上的协调子层可以映射服务原语或从 MAC 到 MGII 的物理层信令（PLS），反之在接收方向也是如此。

PLS 包括信号：数据请求、发送使能、传输错误、发送时钟、冲突检测的状态、数据的有效、接收错误、信号状态指示、携带状态显示（冲撞侦测、载波监听、载波扩展），以及接收时钟等。

GMII 被进一步细分为三个子层，物理编码子层（PCS）、物理媒质连接子层（PMA）和物理媒质独立子层（PMD）。

（1）PCS 子层为所有物理介质的协调子层提供了统一的接口。它使用跟光纤通道（FC）一样的 8B/10B 编码。此外，PCS 产生载波感测信号和冲撞侦测信号标志，通过网络接口（NIC）与网络通信，管理自动协商过程，以确定该网络的数据速度（10Mb/s、100Mb/s 或 1000Mb/s）和操作模式（半双工或全双工）。

（2）PMA 子层提供了一个独立媒质方式，即为 PCS 支持多种面向串行比特的物理介质。为了传输此子层序列化代码组，接收来自媒质的比特并反序列化为代码组。

（3）PMD 子层将物理介质映射到 PCS，并且它定义了能够支持的不同媒质的物理层信令。PMD 还包括介质相关接口（MDI），它是实际的物理层接口，为不同媒体类型定义了实际的物理结合，如连接器。

吉比特以太网定义了两种不同的比特率。原始数据在 MAC 层被格式化，并经由 GMII 以 1000Mb/s 速度传到物理层。这就是所谓供 MAC 数据编码的瞬时传输速率。然而，在物理层中，8B/10B 的编码增加了 25% 的线路比特率，达 1.25 Gb/s。这就是所谓的瞬时传输速率。

7.2.2　10Gb 以太网

10Gb 以太网（10 吉比特以太网）的成功促成了更先进的与以太网协议相匹配的 10Gb/s（OC－192）的 SONET/ SDH 数据传输速率，并支持 6～8 万个端口。然而，由于非常高的数据速率，10Gb 以太网支持光纤物理媒质传输，支持多模光纤（MMF）、单模光纤（SMF），光纤长度达 10km，在某些情况下可达 40km（IEEE802.3ae 标准）。此外，它的一个变体（IEEE 的 802.3ak）是为铜媒质定义。

吉比特以太网允许局域网（LAN）、城域网（MAN）、广域网（WAN）和存储区域网络（SAN）工作在没有 CSMA / CD 技术的全双工模式。此外，10G 比特以太网通过 WAN 接口子层（WIS）的定义和 IEEE 802.3ae 来完成与 OC－192 SONET（10Gb/s）的兼容。

（1）10GBASE－LX4（L 代表长距离）支持长达 10 km 的 SMF 传输，在 1300 nm 窗口（O 波段：1260～1360nm）采用粗波分复用（CWDM）。它还支持 1310nm 波长，光纤长度达 30m 的 MMF 传输（另外，ITU－T G.694.2 规定了在 1270～1610nm 范围内 CWDM 的通道间隔为 20nm，采用无水峰的 SMF）。这个版本同样适用于 FSO 传输。

（2）10GBASE－EX4（E 代表扩展范围）支持 1550nm 窗口（C 波段）的 40kmSMF 传输。这个也适用于 FSO 传输。

（3）10GBASE－SX4（S 代表短距离）支持 MMF 传输和光纤长度达 550m，采用 850nm 的 VCSEL 激光器。对于 850nm 信道带宽，10G 比特以太网中 MMF 的长度作如下规定：50μm 纤芯、500 MHz·km 的 MMF 光纤高达 82 m，50μm 纤芯、400 MHz·km 的 MMF 光纤 66 m，50μm 纤芯、200 MHz·km 的 MMF 光纤 33m，62.5μm 纤芯、160 MHz·km 的 MMF 光纤 26m。此外，850 nm50μm 的优化光纤，其长度可以扩展到 300m（有可能达到 1km）。目前，相比于二倍花费的 SMF 解决方案，采用 850nm VCSEL 激光器的 10Gb/s MMF 是接入网中一种成本有效的解决方案。这个版本同样适用于 FSO 传输。

（4）10GBASE－CX4 支持长达 15m 的双芯铜电缆的数据中心应用。

介质上 10G 比特以太网的实际比特速率高于 10Gb/s，这是 8B/10B 或 64B/66B 的编码结果，即比实际的比特速率增加了 25%。因此，10GbE－4 以 4×3.125Gb/s（8B/10B）的速率传输于四个光学通道（即每个通道

3.125Gb/s），被称为信道，具有 24.5nm 的粗信道间隔。每个信道定义的标称波长是：

信道 0：1275.7nm；

信道 1：1300.2nm；

信道 2：1324.7nm；

信道 3：1349.2nm；

采用四个粗间隔波长传送的原因是：

（1）直接调制、无冷却的廉价激光器。

（2）在如此低的比特速率下，对 10～40km 长的传输不需要色散补偿和均衡。

（3）极化效应可以忽略不计。

（4）光学器件具有更低的成本且需要较低的维护。

在此基础上，不同于产生单个串行数据流（例如吉比特以太网），10 吉比特以太网的 MAC 层，在四个平行信道上循坏映射以字节组织的数据。例如，在发射路径上，第一字节对应第零信道，第二字节对应第一信道，第三字节对应第二信道，第四字节对应第三信道，第五字节对应第零信道，依此类推。此外，为了避免在信道内找到以太网帧出现的模糊性且便于帧同步，10 吉比特以太网在零信道设置了一个控制开始字符的帧。这可通过调整典型的 12b 空闲跨包/分组间隔（IPG）长度，将其扩充到 15B 或者压缩到 8～11B 来实现的。第三种选择是平均法，它包括一个缺少空闲计数器，跟踪从 12（从 0 到 3 循环）中插入或提取的空闲字节数目，使得多数帧的 12B 平均基本维持。

7.3　TCP/IP 协议

随着互联网协议（IP）与个人计算机和其他通信协议及技术的共同发展，用户能够进行通信，并在网络上快速传送文件。从那以后，互联网以惊人的速度为商业和住宅用户提供了前所未有的更好更多的服务。因此，从最初的 IP 版本 IPv4（IP 版本 4）标准出来后，很快就被替换为更有效的 IPv6（IP 版本 6），它解决了 IP_v4 没有解决的问题，尤其是安全和地址空间方面的问题。

IPv6 定义了一个扩展头，它有 128 位地址空间（即 2^{128} 个互联网地址）、动态地址分配、改进后的选项、提高后的可伸缩性、新的通信机制，为更好地定义通信量的包标记、实时服务并且它包括身份验证和安全封装。IPv6 仿真了同步网络的稳定性和安全性，事实上它威胁着传统网络和新的网络的话音和视频服务，如互联网协议话音（VoIP）和互联网协议视频（Video‑o‑IP）。

7.3.1 传输控制协议

传输控制协议（TCP）是一个面向连接的协议。据此，一个连接可以通过定义参数来建立。它是建立在 IP 之上的传输层协议，并使用滑动窗口方法来提供阻塞控制机制，为了定义滑动窗口长度，往返时间（RTT）延迟被用作测量。

TCP 接收应用层数据，通过添加自己的开销字节对数据进行分段、组包。开销包括以下几个域（段）：

(1) 源端口（2B）表示发送用户的端口号。

(2) 目标端口（2B）表示接收用户的端口号。

(3) 序列号（4B）最大 $2^{32} - 1$ 帧。

(4) 确认（ACK）数目（4B）。

(5) 头长度（4b）表示以 32 位比特字计的头长度。

(6) 保留（4b）。

(7) 紧急（1b）表示紧急指针可用否。

(8) 确认（1b）验证确认的有效性。

(9) 推送（1b）一旦设置，表示接收方应立即发送帧到应用程序。

(10) 复位指示（1b）一旦设置，表示接收方中止连接。

(11) 同步（1b）用于同步序列编号。

(12) 完成（1b）表示发送方已完成数据发送。

(13) 未使用（2b）。

(14) 窗口尺寸（2B）指定窗口大小。

(15) 校验和（2B）检查接收数据包的有效性。

(16) 紧急指针（2B）指向接收机，一旦设置，表示添加了指针字段的值和序列号字段的值，便于查找数据的最后的最后一个字节 B 并紧急传送到目的应用。

(17) 选择（最多 4B）规定在基本头中不提供的功能。

(18) 填充（1B）结束 TCP 头。数据字段附加在填充字段之后。

这个复杂的 TCP 头更适合于那些不需要速度，而需要可靠性的应用，如电子邮件、万维网、网络文件传输、远程终端接入和移动。

7.3.2 用户数据报协议

用户数据报协议（UDP）是一个运输层连接协议。UDP 通过 IP 提供检查数据流完整性的能力。UDP 提供了差错控制，但不像 TCP 一样有效。与 TCP 类似，UDP 在数据段添加了一个头。添加到数据段的各个域如下所示。注意：由于这是一个无连接协议，UDP 头中不存在确认域。

（1）源端口（2B）表示发送用户的端口号。

（2）目的端口（2B）表示接收用户的端口号。

（3）UDP 的长度（2B）表示 UDP 段的长度。

（4）UDP 校验和（2B）包含计算校验和该域结束 TCP 头。数据字段附在 UDP 校验和域之后。

与 TCP 报头相比，UDP 协议是基于简化 UDP 头开发的，以便提供快速和更加有效的传送。因此，尽管 UDP 不如 TCP 可靠，但是简化的 UDP 更适合于短延迟的应用需求。

7.3.3　实时传输协议

实时传输（RTP）协议提供实时应用需求的基本功能。RTP 把数据分段成更小的应用数据单元（ADU），加上自己的头，形成各种应用等级帧，以便在运输协议上运行。

RTP 适用于实时应用，可以承受一定量的数据包丢失，诸如话音和视频。然而，RTP 包括一种机制，通知接收分组有质量问题的源，使得源可以做出一些速率适配，以改善传输和流量等级或分组传送质量。

RTP 数据包格式包含一个头（16B），数据报，以贡献源标识符（4B）结束。RTP 增加的开销如下：

（1）版本（2b）表示协议版本。

（2）填充（1b）表明在负载末端有一个填充域。

（3）扩展（1b）表示使用一个扩展的头。

（4）贡献源数（4b）表示贡献源标识符的数量。

（5）标识符（1b）标志数据流边界。在视频应用中，这一位被设为表示一个视频帧的结束。

（6）净负载类型（7b）规定 RTP 帧的净负荷。它还包含加密或压缩的信息。

（7）序列号（2B）标识数据流进行分段后的数据包的编号。

（8）时间戳（4B）表示净负荷的第一个数据字节生成的时间。

（9）同步源标识符（4B）表示一个会话中的 RTP 源。

（10）贡献源标识符（4B）表示一个可选域，放置在数据报之后，显示了数据的多个贡献源。

实时控制协议（RTCP）是一个更复杂的实时协议，它是在 UDP 上运行并且通过使用多播提供性能反馈来支持增强型的功能。这种支持来源于定义了多种类型的 RTCP 数据包，如发方报告、收方报告、源描述符、会话结束和其他应用细分类型。

7.3.4 互联网协议

互联网协议（IP）是一种被定义为尽最大努力的无连接分组技术，因此，IP不会在整个会话期间，建立一个持续的固定（开关）路径，但相反，它可以组装可变长度的分组（数据包），利用随时可获得整个网络带宽资源的优势，通过存储转发，在一个或多个路由上传送一个一个的分组。

在接收端，由于分组的延迟不同和可能存在乱序，分组包括源和目的地址、数据包序列号、差错控制和其他信息。因此，相比于电路交换网络，尽管 IP 网络没有达到实时传送，但在快速传送数据上，它被证明是一种经济的方法。例如，延迟超过 500ms，而在同步网络中可接受的往返延迟是小于 300ms（由电话到电话的往返时间测得），受限于尽最大努力的服务质量（QoS）限制，电路交换网络有大于 99% 的可用性，而这不是初始 IP 的一部分。

IETF 的互联网协议性能指标组（IETF IPPM）和互联网数据分析组合作协会（CAIDA）定义了 IP 性能指标，用于评估一个数据网络。这些指标是：

（1）数据流的对称或不对称特性（地理，时间，与协议相关的）。

（2）数据包长度分布（IP 网络上主要的数据包大小）。

（3）分组链长度或分组流量分布（即在单一会话中典型数据包的数目）。

（4）数据包延迟的原因。

（5）网络流量拥塞的原因。

（6）协议及其在 IP 网络上的应用（TCP，HTTP）。

IP 要求添加更新（IPv4，IPv6）来支持 IP 话音和来自多个源的实时压缩 IP 视频。然而，由于并非所有的来源都是平等的，所以给每个来源分配一个信任等级。最高信任等级分配给直接连接接口或手动输入静态路由，最低信任等级分配给内部边界网关协议。即最高的可信度来源是类似于传统的同步通信网络。其结果是，在光纤网络中，为了提供服务质量、服务灵活性、颗粒度、可扩展性、共享访问、点到多点、用户定义比特率、简单的服务迁移，互联网协议有多种封装形式，如"基于 SONET 的因特网""基于 SO-NET 的 ATM 的因特网"等。

7.4 ATM 协议

异步转移模式（ATM）是一个数据协议，用来提供服务质量（QoS）、服务类型的灵活性、语义透明度、维护和可靠性。

ATM 帧（又叫信元）是由 53B 组成的定长短帧，如图 7.4 所示；前 5B 是信头，后 48B 是数据。

图 7.4　异步传输模式定长信元由 53B 组成，其中头部为 5B，信息域为 48B

对于用户网络接口（UNI）与网络节点接口（NNI），ATM 信头定义是不同的，如图 7.5 所示。

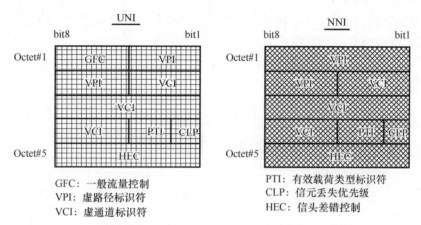

图 7.5　用于 UNI（用户网络接口）和 NNI（网络网络节点接口）的 ATM 头部定义是不同的

4bit GFC 域只为 UNI（在用户接入网络时）定义，仅支持信元流控制，不是业务流控制。GFC 通过整个网络的 NNI 时没有被装载，也就是说，在 NNI 外没有定义 GFC。

VPI/VCI 域由 24b 组成。它是识别链路上的特定虚路径（VP）和虚通道（VC）的标志。交换节点通过该标志信息和在链接设置时已建立的路由信息（表），将信元路由到合适的输出端口。交换节点将 VPI/VCI 域的输入值转化为新的输出值。

PTI 域由 3b 组成，它标志有效载荷类型和拥塞状态。

CLP 域由 1b 组成，0 表示高优先级，1 表示低优先级。它的值由用户或服务提供商给出。在拥塞状态下，CLP 的状态决定了是否丢弃信元。

HEC 域用于信元头错误检测/校正。此校验码可以检测和校正出信元头中的任何一个或多个错误。它是基于 $x^8 + x^2 + x + 1$ 的 CRC 校验码。

HEC 域同时用于 ATM 信元定界。多项式的余数是与固定常数"01010101"的异或，该值将被插入在 HEC 域中。

在接收端，生成多项式的结果是 HEC 图案为" 01010101 "，它用于定位信元开始。

一些 ATM 信元用于携带客户端资料，其他一些信元用于其他用途。这些信元见表 7.1。

表 7.1 异步传输模式信元的定义

空闲单元	它在物理层插入，以便信元速率与传输系统的可用速率相适应
有效单元	它是一个没有错误的信元，或者错误校正后的信元
无效单元	它是一个不可纠正的错误信元
分配单元	它是一个有效信元，对利用 ATM 层服务的应用提供服务
未分配单元	它不是一个分配单元

客户端的数据由长包（远长于53B）或由连续的比特流组成。为了通过 ATM 发送客户端的数据，数据将被分割成47B 或48B 后，再添加额外开销，最后形成了一串 ATM 信元，该功能被称为 SAR，见图 7.6。

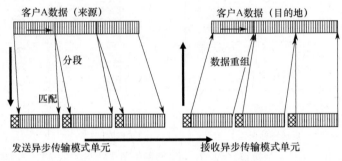

图 7.6 分段和重组（SAR）的过程

ATM 技术定义了五个适配层（AAL），每个层对应着不同的有效载荷类型和服务，如话音、视频、TCP/IP、以太网等。AAL – 5 是前向传输且对点对点的 ATM 链路更有效。AAL – 5 信元是连续传输的，因此没有错序保护，错误控制是在最后一个 ATM 信元（SAR_ PDU）。例如，图 7.7 展现了通过 ATM 的 TCP/IP 数据包处理过程和相应的 OSI 层。

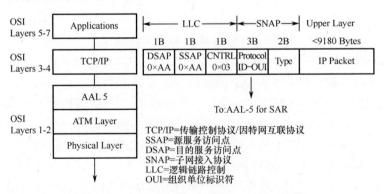

图 7.7 ATM 适应层 – 5 处理 TCP／IP 协议

ATM 定义了大量的业务参数要求和服务性能质量，一个连接的服务质量涉及 ATM 网络中该连接的信元丢失、信元延迟、信元时延抖动（CDV）。信元时延抖动（CDV）是与路径速度有关的性能特点，定义为一个给定连接的信元到达的先后差异。流量整形（TS）作为一种功能性被定义，这种功能可以改变连接的信元流（速率），以满足约定的 QoS 要求。

ATM 服务质量协议（SLA）包括如下参数：

（1）峰值信元速率（PCR）：定义为与每一个 UNI 连接有关的最大突发流量描述，就是一定时间间隔内的最大信元速率。

（2）持续信元速率（SCR）：定义为与每一个 UNI 连接有关的，可允许的平均信元传输速率上限。

（3）突发容限（BT）：定义为在 SCR 之上可容忍的额外流量，当超出这个容限时，ATM 流量被标记为过度流量并且可能被丢弃。

（4）最大突发大小（MBS）：定义为一个周期内突发信元的长度。

语义透明度决定了在可接收的错误数目和性能指标的情况下，网络从源向目的地传输信息的能力。错误定义在比特和数据包级别，如比特误码率（BER）和数据包错误率即错包率（PER）。

ATM 制定了大量类别的服务、如恒定比特率（CBR）、变量比特率（VBR）、实时可变比特率（RT - VBR）、非实时可变比特率（NRT - VBR）、可用比特率（ABR）、和未定义的比特率（UBR）。

ATM 信元在整个 ATM 数据网络内传输。ATM 数据网络包括可切换 ATM 信元的开关节点和边沿节点，边沿节点提供监督功能，验证客户端和服务提供商之间达成的服务等级协定，以及流控制功能，即定位流量拥塞区和避免流量拥塞或保证高优先级流量传输的激活机制。在 UNI 的链接允许控制（CAC）过程中，流量参数和所需的 ATM 服务由用户向 ATM 节点提供。

一个端到端的连接通过一系列虚拟信道（VC）链路建立，这被定义为虚拟信道连接（VCC）。每一个交换节点，一旦收到一个信元就根据路由转换表，将 ATM 信元头的输入 VCI 转化成输出 VCI，因此不同的交换节点有不同的 VCI 值。每个节点的转化值在连接建立过程确定。

一束虚拟信道连接（VCC）的端到端连接，从源到目的地被建立，这种连接定义为虚拟路径连接（VPC）。ATM 信元头的 VPI 标识 VPC。一束中，每个 ATM 信元有相同 VPC。每一个交换节点，一旦收到一束就根据路由转换表，将 ATM 信元头的输入 VPI 转化成输出 VPI，因此不同的交换节点有不同的 VPI 值。每个节点的转化值在连接建立过程确定。

VPC 的值可以是个常数，也可根据需要设定。永久连接是在认购阶段通过节点预先提供的，因此不需要信令流程。按需连接需要信令，进而，VPC 的值可以通过网络或用户设定和释放。

ATM 信元也可在 SONET/SDH 网络上传输。ATM 信元被映射到级联的

（STS – NC）净负荷区。例如，在 STS – 3c 中，ATM 信元通过将每一个字节结构与 STS – 3c 的每个字节结构对准，映射到净负荷容量上。整个净负荷容量（260列）由 ATM 信元填充，产生了 149.760Mb/s 的转移 ATM 容量，见图 7.8。在 STS – 12c 中，ATM 信元通过将每一个字节结构与 STS – 12c 的每个字节结构对准，映射到净负荷容量上。整个净负荷容量（1024 列）由 ATM 信元填充，产生了 599.040 Mb/s 的转移 ATM 容量，在装载过程中，如果用户信元不足，将使用空闲的 ATM 信元来填充。

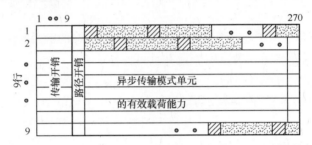

图 7.8　ATM 信元以级联方式被映射、填充在 SDH 净负载区

7.5　无线协议

虽然 FSO 是一种超带宽（或超宽波段）的光学技术，但是该技术是视距传输。然而，在许多的接入应用中，超带宽并不是流动性和多播技术中关注的技术。这种情况下，FSO 可作为一个回传网络和无线技术，同时也可多播到多终端用户，如图 7.9 所示。

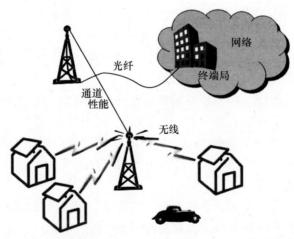

图 7.9　在流动性和多播的接入网中，FSO 可以作为无线技术部署成回传网络

在本节中，我们简要介绍三种常用的无线技术：WiFi、WiMAX 和竞争对手 LTE。

7.5.1　WiFi

WiFi 与众所周知的无线电术语 Hi - Fi（高保真）相呼应，体现了无线保真。然而，WiFi 并不是万能的，它也不是一个技术术语。它是由 WiFi 联盟定义的，其专业名称为 IEEE802.11，在这一标准中对其作了描述。"基于 IEEE802.11 的无线局域网（WLAN）"，给出了它的适用性和标准。

WiFi 设计用来支持中短距离、中等数据速率的无线数据传输，如计算机与笔记本电脑、设备外设、视频游戏控制台、MP3 播放器和其他设备之间的无线数据传输。随着时间的推移，WiFi 演化为支持额外的服务与设备，如基于互联网的无线话音（WVoIP）、电脑与电脑之间的直接通信和由美国 FCC（联邦通信委员会）制定的超宽带 WiFi，它是为较长距离无线互联网连接而设计的[7]。

WiFi 是为室内和室外应用定义的。一个常见的室内应用是采用 WiFi 的数字用户线（DSL），用于无线数据传输（互联网协议）。其结果是，WiFi 变得无处不在，大学校园、大型酒店、商业设施、机场和城市都已经安装了校园和城市范围内的 WiFi 接入点，以提供无线数据服务。

WiFi 具有多媒体、节能和安全等特点，如可扩展身份验证协议（EAP）、WiFi 保护访问（WPA 和 IEEE802.11i 之后的 WPA2）和其他[8-11]，关于具体细节已超出了本书的范围。

虽然 WiFi 是由 IEE802.11 标准和它的不同版本所描述，但是其频谱分配和利用在全球是不统一的。例如，在美国，使用了 2.4GHz 频段的 13 个频道，而在日本，使用了 14 个频道。

WiFi 具有等效的全向辐射功率（EIRP），大约是 20 dBm（100MW），并且具有有限的范围，在美国，WiFi 设备发射的最大功率由 FCC Section 15.249 限定[12]。因此，一个典型的 802.11b 或 802.11g 无线路由器，配有常备天线，其室外覆盖范围大约是 100m，或者，如果使用 802.11n 路由器，其室外覆盖范围是 200m。

然而，如果使用 WiFi 延伸器（作为中继）或者定向天线，室外距离可提高 10 倍。其结果是，移动性限定在 WiFi 工作范围内。

7.5.2　WiMAX

WiMAX 代表了微波接入的全球互操作性。它是一种无线电信技术和协议，由 WiMAX 论坛为固定的和移动的无线带宽接入业务（即所谓的第 1/最后 1 英里）定义的，用作替代电缆和 DSL。除了有更高的数据速率，更长的链接和更多的用户之外，它和 WiFi 类似。WiMAX 是基于 IEEE802.16 协议的，它最初设定的数据速率高达 40Mb/s。在后续版本的协议中，像 IEEE 802.16m，数据速率扩展到了 1Gb/s[13-18]；版本 802.16d-2004 或者"固定的 WiMAX"不能支持移动性，而版本 802.16e-2005 或者"移动的 WiMAX"可支持移动性以及具有其他的特点，由于它的定义，WiMAX 得到了全球的认可。

一个 WiMAX 系统由以下两部分组成：

（1）WiMAX 塔站通过一个高带宽传输介质连接到互联网中。此塔站通过微波链路（或 FSO 链路）连接到广播塔天线（称为回传），或者通过自身的广播，范围达 8000km² 区域。要注意的是，在回传的情况下，它需要 LoS。

（2）一个 WiMAX 接收机和天线，尺寸小到适合放置在用户的笔记本电脑上。

根据 IEEE 802.16e-2005 协议，载波间隔是固定的，覆盖多个不同的信道带宽，是 1.25MHz 的整倍数（典型的是 1.25MHz、5 MHz、10 MHz 或 20 MHz），以改善宽信道带宽的频谱利用率和降低窄信道带宽的开销。这被称为可扩展 OFDMA（SOFDMA）。此外，如果信道带宽不是 1.25MHz 的倍数且载波间隔不可能完全相同，载波间隔是 10.94 kHz，那么 SOFDMA 与 OFDMA 不兼容，相应的设备也不具有互操作性。

尽管，对 WiMAX 没有全球统一的许可频谱（例如，在美国使用 2.5GHz，而在亚洲使用 2.3GHz，2.5GHz，3.3GHz 和 3.5GHz）。WiMAX 论坛颁布了三个许可频谱，2.3GHz、2.5GHz 和 3.5GHz。WiMAX 的频谱利用率是 3.7b/Hz。像其他无线技术一样，WiMAX 尽管可传输高数据速率，但是数据传输速率与传输距离的长度成反比。

WiMAX 被限定在离开基站（广播塔天线）50km 的半径范围，速率至少可达 70 Mb/s（根据标准）。

与 WiMAX 网络建立连接可通过用户单元（SU）设备完成，诸如便携式手机、USB 加密狗、卡或可嵌入笔记本电脑的设备。另外，WiMAX 的网关在室内和室外都可找到，通常放置在客户住处，以便连接到室内的多个网络设备上，基于互联网的话音（VoIP）、以太网设备和仿真话音与数据。

WiMAX 采用了调度算法，基于该算法用户为了获得访问网络只能竞争一次，当网络授权给用户后，基站将给它分配一个时隙，其他用户将不能占用该时隙。

WiMAX 比无线局域网（WLAN）或无线个人网（WPAN）更适合于无线城域网（MAN）的应用；像蓝牙（IEEE 802.15）和无线 USB 一类的无线技术，更适合 WPAN，且 Wifi（IEEE802.11）适合无线局域网（WLAN）。

除了 WiMAX 之外，下一代移动通信标准已经出现，被称为 IMT-2000（国际移动电信-2000）、3G（第三代）和 4G（第四代），它们由国际电信联盟无线电（ITU-R）[ITU-R M.1457，1999] 和文献 [19] 颁布，感兴趣的读者可以在相关的标准中深入思考这一主题。

7.5.3　WiFi 和 WiMAX 的比较

WiFi 和 WiMAX 都是数据无线通信技术。然而，数据速率、通信距离和服务都是为相当不同的应用设计的，如表 7.2 所列，例如：

表 7.2.　WiMAX 和其他无线局域网的比较

参数	IEEE 802.16d – 2004 固定 WiMAX	IEEE 802.16e – 2005 移动 WiMAX	IEEE 802.11 WLAN	IEEE 802.15.1 （蓝牙）
频率波段（GHz）	2 ~ 66	2 ~ 11	2.4 ~ 5.8	2.4
距离	≈50km	≈50km	≈100m	≈10m
最大数据速率	≈134Mb/s	≈15Mb/s	≈55Mb/s	≈3Mb/s
用户数量	数千个	数千个	几十个	几十个

（1）WiMAX 是为长距离（千米量级）设计的，而 WiFi 是为短距离（几百米）设计的。

（2）WiMAX 和 WiFi 之间具有非竞争性和互补性。例如，WiMAX 提供用户与城域网之间的连接，WiFi 提供无线连接到多个终端设备，可以是住宅、企业和校园终端等。

（3）WiMAX 采用许可的和非许可的频谱，而 WiFi 使用非许可的频谱。

（4）WiMAX 比 WiFi 贵，因而 WiFi 受终端用户互联网业务的欢迎。

（5）WiMAX 运行在面向连接的 MAC 协议上，而 WiFi 运行在媒质接入控制（MAC）的具有碰撞回避的载波侦听多路访问 CSMA/CA 协议上。

（6）WiMAX 使用基于特殊调度算法的服务质量（QoS）机制，而 WiFi 使用竞争访问机制（终端用户在随机中断的情况下访问无线访问点）。

（7）当终端用户设备在基站范围内的情况下，WiMAX 可实现终端用户设备与接入点（AP）之间的通信。WiFi 可支持直接的 Ad – hoc 网络，以及在没有接入点（AP）时，终端用户之间构成的对等（P2P）网络。

（8）WiMAX 和 WiFi 都是标准化的协议；802.16 及其各种版本是对 WiMAX 作的描述，802.11 及其各种版本是对 WiFi 作的描述。

7.5.4　LTE

长期演进（LTE）是主导移动通信的一系列的标准，由第三代合作伙伴（3GPP）提出，作为以前的第三代蜂窝技术（3G）和 GSM/ UMTS（全球移动通信系统/通用移动电信系统）的自然演进。2009 年底，提案提交给国际电信联盟（ITU），作为

"超越第三代"（3G）移动网络的备选，也就是前期的 4G（Pre-4G），对 3G 做了修订和改进。此后，Pre-4G（前期的 4G）的商业化部署在某些移动网络由服务提供商（像 AT&T 和 Verizon）部署。随后的进步是在达到高峰 LTE-Advanced 出现后，LTE 也被称为 4G（第四代）系统，ITU-R 给出的定义如下：

（1）可扩展的数据速率和高达 1GB/s 的峰值数据速率。

（2）在蜂窝边缘可改善的性能。

（3）在电源状态之间有更快的切换时间。

（4）支持边远农村地区的宏蜂窝（100km 半径），或在城市内部区域的蜂窝和微蜂窝（几十米），支持更小的微微蜂窝或毫微蜂窝等，来保证进一步的扩容。

（5）支持更低功率的中继节点。

（6）在每个 5MHz 的蜂窝，服务至少 200 个活动的用户。

（7）支持高移动性，速度为 350km/h，最高速度达 500km/h，这取决于频带。

（8）支持带全 IP 网络的小于 5ms 秒的延迟（对于小数据包），以及所有的用户类型。

（9）单天线以及多输入和多输出（MIMO）4×4 和 2×2 天线，天线利用 20MHz 频谱，MIMO 是一种提高信道通信性能的智能天线技术。

（10）上/下行链路（UL/DL）协同 MIMO。

（11）异构网络，包括漫游和局域网。

（12）与传统标准联合使用，用户可以通过使用 LTE 和其前身技术 3G/GSM/UMTS 呼叫或转移数据。

（13）支持移动电视播放业务（多播单频网络（MBSFN））。

此外，LTE 采用可扩展和灵活的带宽（带宽范围超过 20MHz，最大可到 100MHz）、增强的预编码、前向纠错（FEC）等技术来改进较长距离下的数据性能和通信安全性（LTE 特点的总结参见 TR36.912）[20-23]。

由于不同的国家分配不同的频率，LTE 在设计时就要求具备较强的频率适应性。例如，LTE 在北美安排的频率为 700MHz，在欧洲为 900MHz、1800MHz、2600MHz，在亚洲为 1800MHz、2600MHz，在澳大利亚为 1800MHz。请注意，在全球部署的 GSM 工作在四个频率 850MHz、900MHz、1800MHz 和 1900MHz，全球部署的 UMTS 工作在 14 个不同的频率。

7.5.5　LTE 和 WiMAX 的比较

LTE 被认为是对 WiMAX 具有竞争性的技术。无线技术、WiMAX 和 LTE，都旨在提供每秒几兆比特量级的移动宽带服务，因此大的网络和服务提供商正在基于一种或其他技术，竞相提供移动服务。例如：

（1）WiMAX 采用 IEEE 规范（802.16e 标准），该规范是为支持移动互联网协议（IP）而设计的，采用了正交频分多址（OFDMA），数据速率高达 12Mb/s（参见本章前面的章节）。此外，增强型的 WiMAX 标准（802.16m）预计要比它的前身快得多，下行链路传输速率每信道高达 128Mb/s，上行链路传输速率每信道高达 56Mb/s，并支持 MIMO 智能天线技术。

（2）LTE 是随着高速分组接入技术的不断进步而被开发的，而 GSM 技术是由其他主要运营商（如 Verizon 公司和 AT&T 公司）用来传递 3G 移动宽带服务的。LTE 可以提供每通道高达 100Mb/s 的下行链接速率和至少 50Mb/s 的上行链接速率，同时支持频分双工（FDD）和时分双工（TDD），并且达到有线宽带技术的水准。LTE 的支持者声称，LTE 为基于网络和用户的 GSM/UMTS/HSPA/CD-MA 提供了一个更自然的升级方式，并且 GSM 已经是占主导地位的移动标准，截止到 2010 年 2 月，它在世界各地已经拥有超过 30 亿的用户。

7.6　下一代 SONET/SDH 协议

在描述下一代 SONET/SDH 之前，简要回顾一下传统的 SONET/SDH 是必要的。

7.6.1　传统的 SONET/SDH

在 20 世纪 80 年代，一个新的标准协议被提出，其定义了同步光网络的接口规格、体系结构与特点，在美国该协议被称为 SONET，在欧洲和其他地方则被称为同步数字系列（SDH）。SONET 和 SDH 的定义具有很大的差异性，它是两个不同的标准，SONET 在美国由卓讯科技（前贝尔通信研究所）运营，SDH 由国际电信联盟（ITU）运营[24-38]。SONET/SDH 推出后，SONET/SDH 网络的进展超过了人们预期，很快地被大多数先进的国家采用，并且成为了光网络事实上的标准。

SONET 的系列标准接口是 N 等级（Level - N）的同步传输系统信号（STS - N），N = 1，3，12，48，192 及 768。STS - N 在光学媒质上的速率是 N 等级的光载波级（OC - N）。STS - N 表明了在光发射之前的电信号速率。网络拓扑是典型的具有分插复用节点（ADM）的保护环或具有分插复用节点（ADM）的点到点的链路，网络节点被称作网络元素（NE）。

同样地，SDH 的系列标准接口是 M 等级的同步传输模式（STM - M），这里的 M = 1，4，16，64 和 256。

SONET 和 SDH 定义了从物理层到应用层的所有层。SONET 和 SDH 的物理传输介质都是单模光纤（SMF）。

SONET 和 SDH 都可携带所有的同步宽带速率（DS - n，E - n）、ATM（异步传输模式）数据及熟知的协议（英特网、以太网、帧中继），后者先封装进 ATM（异步传输模式）中，然后映射到 SONET/SDH 上。

对于维护、操作、管理和运行，SONET/SDH 定义三个网络层：通道层、线路层和段层。

（1）通道层是解决与通道终端网元（PTE）之间，诸如 DS3 之类的"业务"传送相关的问题，也就是端对端的服务。

（2）线路层是解决与通道层净负荷和开销跨越物理层的可靠传送相关的问题。它基于物理层提供的服务为通道层网络提供同步和复用。

（3）段层是解决与 STS – N 帧跨越物理层可靠传送相关的问题，它利用物理层提供的服务完成物理传输并负责成帧、净荷扰码和监测误码等。

7. 6. 2　SONET 的帧结构

SONET/SDH（STS – N）帧以特定的大小构成。然而，不管帧的大小，一个 SONET/SDH 帧总是在 125μs 之内被发送，正因如此，每个 STS – N 信号有特定的线速率，见表 7.3。

表 7. 3　SONET/SDH 帧的线速

指定信号			线速（Mb/s）
SONET	SDH	光	
STS – 1	STM – 0	OC – 1	51. 84（52M）
STS – 3	STM – 1	OC – 3	155. 52（155M）
STS – 12	STM – 4	OC – 12	622. 08（622M）
STS – 48	STM – 16	OC – 48	2488. 32（2. 5G）
STS – 192	STM – 64	OC – 192	9953. 28（10G）
STS – 768	STM – 256	OC – 768	39813. 12（40G）
SONET：Synchronous Optical Network（同步光网络）			
SOH：Sunchronous Digital Hierarchy（同步数学体系）			
OC – N：Optical Carrier – level N（光载波 – N）			
STS – N：Synchronous Transport Signal level – N（同步转移信号等级 – N）			
STM – N：Synchronous Transport Module level – M（同步转移模式等级 – M）			

SONET/SDH 协议是基于特定大小的帧结构，最小的帧是由 9 行 90 列的字节矩阵构成的。最小帧（SONET 的 STS – 1、SDH 的 STM – 0）的前 3 列分配为（线路和段的）开销传输，而剩余的 87 列中 1 列为通道开销，84 列为用户的净负荷，2 列未使用（被称为"固定填充"），见图 7.10。传输开销包括两个部份，段开销（第 1 行到第 4 行，第 1 列到第 3 列）和线路开销（第 4 行到第 9 行，第 1 列到第 3 列），其中每个字节都有特定的意义及功能。同样，通道开销中的每个字节都有特定的意义和功能，虽然需要连续几帧才能构成开销中字节的完整功能。

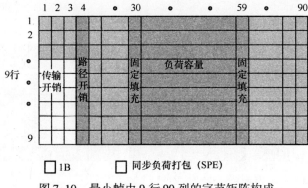

图 7.10　最小帧由 9 行 90 列的字节矩阵构成

净负荷能够通过特定大小的支路单元（SDH 的 TU）或者虚拟支路单元（SONET 的 VT）填充，它们以组进行映射，采用同步字节复用，包封到特定大小的净负荷。因此，STS-1 的效率上限是 93.33%。然而，因为有带宽的损失，所以实际的效率会减小（大约 60%），这是显然的。

一个 STS-N 帧是行到行传输的。从第 1 个字节开始（第 1 行第 1 列），当第 1 行的最后 1 个字节传输完后，将继续传输第 2 行（第 2 行第 1 列）并且直到帧的最后 1 个字节（STS-1 中的第 9 行第 90 列）。帧内的最后一个字节传输结束后，将传输下一帧中的第 1 个字节，等等。

由于网络元素（NE）中产生的 SONET/SDH 帧，有可能与输入负荷不是完全同步（频率和相位），也就是有一个不确定的相位差。为了使这个不确定的相位差最小化，SONET/SDH 依照动态指针和浮动帧方法，直接将输入负荷映射到帧，相位偏移值被测量并存储在帧开销中。此外，对于频率偏差，SONET/SDH 有规则和机制对其作出判定（或解释）。因此，在开始阶段（或在参考时间 $t=0$ 时），偏移量被计算，如果计算出的偏移值在连续三帧保持相同，则表明"没有调整"。如果输入频率相对于本振频率有细小的变化，随后就执行正或负调整：当输入速率略低于节点时钟则为正调整，当输入速率略高于节点时钟则为负调整。

7.6.3　虚支路及支路单元

在同步通信中，虽然 DS-ns（和 E-ns）是传输许多客户净负荷的支路，但是 SONET 定义了虚拟支路（VT）和 SDH 定义支路单元（TU）来传输 DS-ns 或 E-ns。VT 的容量取决于其中字节数，而且由于行数总是 9 行，所以它取决于列数。因此，如果列数是 3，它被定义为 VT1.5；如果列数 4，它被定义为 VT2；如果列数 6，它被定义为 VT3；而且如果列数 12，它被定义为 VT6，如图 7.11 所示。VT 包含的客户信号没有必要是相同类型的，因此 VT 有自己的开销，被定义为 VT 通道层开销。

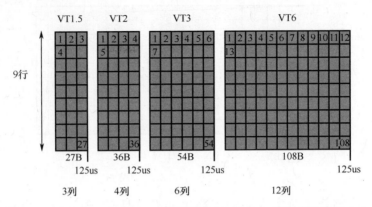

图 7.11　虚支路（SNOET）或者支路单元（SDH）有特定的固定大小

VTs：Virtual Tributaries（虚支路）。

　　VT 是字节复用形成的一组，12 列。然而，一条简单的规则应用是一组只能包含相同类型的 VT，即一组中包含四个 VT1.5，或三个 VT2 又或者两个 VT3，而不能是它们的混合。如图 7.12 所示是从/至同步 TDM 到/从 SONET 的复用/分解的逻辑体系。

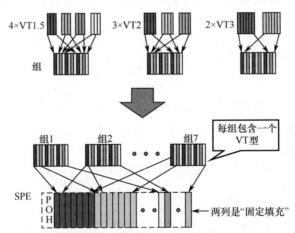

图 7.12　VTs 体系和 VTs 到组再到净负荷的同步字节复用

　　因此，只有七组适合 SONET STS – 1 SPE，它是字节（或列）复用、包括通道开销和两个固定的填充列。SONET 帧需在 125μs 内发送。

　　与 SONET 类似，SDH 定义了同样的结构和列复用。然而，对于 SDH，称 VT 为支流单元（TU），称组为支流单元组二（TUG – 2），并且七个 TUG – 2 多路复用在支路单元组三（TUG – 3），TUG – 3 的前两列加入固定填充形成 SPE。在这里，应用了相同的规则：TUG – 2 必须包含相同类型的 TUs。

容量和数据速率与 VT 相匹配，取决于列数（行数都为九行），对于 SONET/SDH 列数分别为 3、4、6 和 12。因为一个 SONET/SDH 帧需在 125μs 内发送，对于任意一个 TU/VT、虚拟的容器/支流单元中的每个字节也一样；对于任意 TV/UT 中的每个字节，其数据速率为 64Kb/s；如表 7.4 所列给出了每个 VT 等价的数据速率。

表 7.4　虚支路（VTs）的等价数据速率

同步光网络（SONET）	比特率（Mb/s）
VT1.5 *	1.728
VT2 *	2.304
VT3 *	3.456
VT6 *	6.912

根据线路、段和通道，定义了各种操作、维护、管理和控制功能的 SONET 帧开销。网络拓扑、倒换保护和数据—速率的目标已得到满足，速率已超过最初的 622Mb/s 有用数据速率，达到了 40Gb/s（OC-768）。

基于上述的描述，传统的 SONET/SDH 没有细粒度来支持现代数据净负荷，因此 VT/TU 及其组的带宽和效率是低的。因此，下一代的智能光学网络已经成为传输网络（工具）的演进，但是它已重新设计以便更加有效地支持各种类型的数据协议和新的服务及要求。

7.6.4　STS-N 帧

SONET 和 SDH 定义了更大容量的帧。举例来说，STS-N 的列数是 STS-1（既包括开销也包括净负荷）列数的 N 倍，但行总是 9 行。例如，一个 STS-3 帧总有 270 列，开销 9 列，通道开销 3 列及固定填充 6 列。然而，如果由 3 个 STS-1 复用形成 STS-3，这时要处理 3 个开销指针，因为生成 STS-3 的每个 STS-1 可能来自不同源，有不同的 SPE 领衔值，如图 7.13 所示。

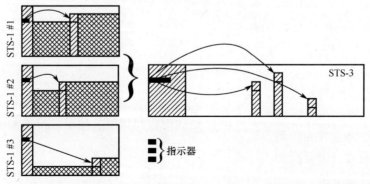

图 7.13　3 个单独的 STS-1s，每个都有自己的开销，经复用构成一个 STS-3 帧

7.6.4.1 级联

SONET/SDH 也能容纳不适合于单个 STS – 1 帧的超大数据包净负荷。这可通过将大数据包分配到 N 个 STS – 1 上，然后复用到一个 STS – N 上，被表示为 STS – Nc，意为"级联"。因为 STS – Nc 的净负荷对所有的 STS – 1s 有相同的的源及目的，而且所有 STS – 1s 彼此之间具有相同的频率和相位，因而有许多冗余。即一个指针处理器就能满足，开销可被减少，需要一个通道开销，还有比较少的固定填充列（这些列数通过 N/3 – 1 来计算）。更有甚者，每个节点或网元视 STS – Nc 为一个独立实体，而且通过写在未使用指针字节上的特殊代码，容易将其与规律 STN – N 区别开来。如图 7.14 所示是 STS – 3c 帧。

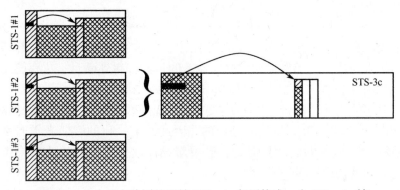

图 7.14　3 个具有共同的开销 STS – 1s 复用构成一个 STS – 3c 帧

7.6.4.2 加扰

SONET/SDH 定义了一个加扰过程，致使没有长连"0"或"1"的出现。扰码器是通过能够生成 127 位随机二进制代码的多项式 $1 + x^6 + x^7$ 来定义的。扰码器将字节的最高有效位（MSB）调为 11111111，这个字节跟随在 STS – N 内的第 N 个 STS – 1 C1 字节后。因此，对 STS – 1，扰码器是开始于 A1、A2 和 C1 之后的第一个字节，并且在整个 STS – N 框架中持续运行，A1、A2 和 C1 不经过加扰因为它们被用来指示帧的开始。

7.6.4.3 维护

SONET 和 SDH 建议定义了维持所有方面、标准、要求和程序，使网元和网络在可接受的性能下正常工作。为了执行以下任务，要求包括告警监视、性能监控（PM）、测试和控制特性：

（1）故障监控和探测。

（2）故障或修复检测。

（3）故障分组。

（4）故障隔离。

（5）检测。

（6）恢复。

网元告警监视发生在段和通道的终结处。这个通过检测处理相应的帧开销字节完成。当一个节点检测到了发生在线路、通道或者特殊的 VT 通道开销，相应的告警检测信号（AIS）就会发布。即，AIS 可能是三个层次的任何一个，AIS – L 对应线路，AIS – P 对应通道，AIS – V 对应 VT 通道。当信号丢失（LoS），帧数丢失（LOF）或者指针丢失（LOP）发生时，AIS 会发布。

SONET 性能监视（PM）是基于在 1s 内计算代码违例，然而 SDH PM 是基于在 1s 内计算误码块。在下一代光学网络中，时间的单位"秒"非常长而且可能用作度量和比对目的，因为对于 10Gb/s 速率，1s 会产生大量的比特，这比任何包交换技术要多，也就是说监视下一代光网络的性能必须比原有 SONET/SDH 定义的更快。

最后，SONET 和 SDH 有能力通过环回一个完整的 STS – N 或者是独立的 VT 来测试不同层面的信号。

7.7　下一代 SONET/SDH 网络

虽然，最初的 SONET/SDH 是为环网拓扑而开发的，但是下一代 SONET/SDH 可以应用于环网和网孔形网。网孔形拓扑拥有完美的链路和业务保护，因为节点能够绕开有故障或者拥挤的区域重新配置（重构）来改变业务的路由。故障通过光功率探测和性能评估阈值来检测。重构能够自动完成或运用复杂的网络管理流程，也包括流量均衡和流量疏导。下一代同步光学网络基于 SONET/SDH（DoS），为传输除传统的同步 TDM 业务外的所有类型数据及数据包（IP、以太网、光纤通道等）提供了一个标准的、具有健状性的和高效的方法。

7.7.1　下一代环形网络

下一代光学环（NG – OR）遵循所有已知的环网拓扑，单向单纤环、双向单纤环、双向双纤环，双向四纤环等。此外，每个波长携带的数据速率在 OC – 48（2.5Gb/s），OC – 192（10Gb/s）以及 OC – 768（40Gb/s）量级。一些波长（在 DWDM 中），也可携带 1GbE 或 10GbE 的原始（裸）数据。

环网节点包括一个光学分插复用器（OADM）和一个（在电域）分解/聚合业务的网元。因此，NG – OR 网元支持多种接口，以便提供聚合、疏导和交换功能，来响应告警和错误的 SONET/SDH 情况，并且提供多业务支援平台（MSPP）。一些节点提供带宽和波长管理而且能够连接两个或更多 NG – O，支持多业务交换平台（MSSP）。因此，环网节点可以接收不同的用户的同步负荷和异步数据，并且能够将其封装进 GFP 并映射到 NG－S 帧。

NG－OR 将表现出先进的故障检测策略和先进的信号协议如通用多协议标记交换（GMPLS），这是多协议标记交换标准的演变。主要目的是保护业务，当波长低于可接收的阈值或者当故障出现时，允许安全数据通过安全网络。

7.7.2　下一代网状网络

将一系列的下一代环网连接起来，就构成了一个网状网络，被称为保护路径的网状网络（PPMN），如图 7.15 所示。在这种情况下，两个环网的公共节点是一个大容量的 MMSP，在环与环之间运输大容量会聚业务。

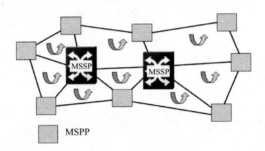

图 7.15　一个网状网络由互连的 7 个环型网组成

7.7.2.1　下一代网孔形网络：保护

PPMN 网络结合了环网和网孔形网络的保护策略。一个策略是基于预设冗余通道，对于每条可能的通道，标识了另一个保护通道。该策略允许最快的"倒换保护"，虽然在出现故障时，这个保护通道可能不是最好的选择，因为拥堵的情况不可预期地出现在端到端通道上，尤其是穿过由不同网络操作者运行的子网，如图 7.16 所示。

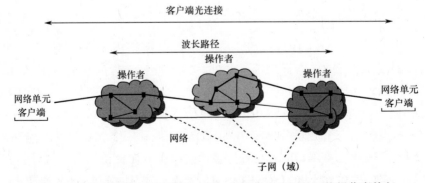

图 7.16　整个网络由子网构成，每一步操作由不同的网络操作者执行

另一种策略是基于算法来标明最有可能的空闲（可用）通道（算法包括最短路径、基于约束的、最少拥堵路径或最大可用路径以及其他（来自通用多协议标记交换协议（GM PLS）））。这些算法需要知道网络节点的状态，因此，他们需要大量的信令和复杂的协议，因此算法为了发现保护通道，在时间上是慢的，但是能找到最合适的。然而，另一个算法结合了快速运算，它是基于网络流量的，能从一系列已定义的冗余通道中识别最好的可用保护通道。

PPMN 解决了网络、网络链路及通道（波长）层的多故障情况。节点被配置重新选择业务路由以避免故障和拥堵情况。故障检测使用功率检测器与性能参数阈值检测。重构（重新配置）可根据 SONET/SDH 标准和新的波长管理办法自动实现或通过执行流量均衡和流量疏导的复杂多协议来实现。

7.7.2.2　下一代网状网络：　流量管理

下一代智能光学网状网络由网元和光纤链路构成。在网孔形 FSO 中，考虑无光纤的链路。每个链路能够提供的最大容量，由（波数长）×（每个波长的比特速率）的积计算得到。然而，每个光纤链路的有效流量比这个要低，因为每个波长的许多帧或包要么是空闲，要么帧中有网络运行、维护及管理（OA&M）的字节。因此，虽然网元可能处理的最大业务流量相同，需要快速没有过度的复杂性且经济合理地处理每个链路上每个波长上的有效流量。可以通过监视链路的状态和通过网络的流量来完成。下一代网络中监视流量要求具有智能化，因为业务是相似的（声音、视频、不同协议如 IP、以太网等的高速度数据）。

7.7.2.3　下一代网状网络：　波长管理

当要求光通道连通时，需要在网状网络中为其寻找最好的路由。根据网络的容量和路由算法，在最好的路径上进行波长分配，它要么由单一（相同）的波长，要么由级联（和不同）波长组成。这里，假设是 DEDM 链路。此时，识别与波长分配相关的一些问题是很重要的。

在完整光学通道路上相同波长分配方案下，通道上的每个光学开关节点预置为输入-输出连通，即，每个节点都知道源、波长数和经过它的每个波长的宿（目的）。然而，对于级连波长分配方案，因为在每个光学交换节点都需要波长变换（或者转换），所以下一个节点需要知道源在哪、宿在哪、输入端的波长数及输出端的波长数。对于网状 FSO 网络具有适中的节点数，波长预分配方案可允许粗波分复用（CWDM）。

在这情况下，要求在节点进行波长转换，这时，有两种不同的方法来管理波长变换，（集中式）网络波长管理和分散式波长管理。

（1）在集中式的情形中，网络波长管理根据波长分配方案预置每一个节点，在选择的通道上建立半静态的交叉连接性。这种情况取决于集中的数据库和算法，以最少的波长转换，找到优化的最短和带宽有效的通道。这种情况也意味着所有具有不同子网或者域名的通信接口是兼容的。当通路扩展到多厂商网络时，这可能成为一个问题。

（2）在分散式的情形下，有一个附加的光学通道，这个通道适合所有节点并且传输控制信息，这被称作是监控通道（SUPV）。这些信息除了管理信息外还包括输入输出波长分配，因此波长再分配的优化留给了每个节点。

一个监控信道（一个控制信息专用信道）在节点到节点快速传输信息，因此允许动态节点重构。系统和网络的更新、扩容及业务恢复也要求动态系统重构性。网络升级需要下载新软件版本和新的系统配置。在网络扩容和升级期间，服务不应该受到影响。

7.7.2.4 下一代网状网络：网络管理

下一代智能光学网络管理着具有简单管理协议的网元。ITU - T 已经定义了通用管理功能即故障、配置、计费、性能和安全，或者称为 FCAPS。FCAPS 并不是对应 TMN 结构的特殊层，而是不同的层执行 FCAPS 管理功能的一部分。例如，作为故障管理的一部分，EMI 详细记录每个离散告警或者事件，然后过滤这些信息并将其传送到 NMS（在 NML 层），这个层执行跨多节点的相关告警和技术以及溯源（根本原因）分析。

7.7.2.5 下一代网状网络：业务恢复

下一代全光网络在端到端的通道上包括许多光学和光子器件。因此，元件故障（包括光纤断裂），元件老化，特别是由于环境条件的变化引起的退化（如温度和压力），及光与物质相互作用将影响通道上一个或者多个信号的质量，也就是影响了服务质量。

对性能损伤有贡献的各种因素是：光谱偏移、光谱噪声、抖动、光功率衰减甚至丢失、放大器增益波动等。

尽管每个因素的参与都对每个信号的质量很重要，因此每个信号质量和业务都需要监控，并且一个方法必须在全网（从接入到主干网）的每个节点之间相互合作，确保每个链路及全部的端到端通道在预期的性能等级下传递业务，这意味着当业务退化到低于接收阈值时，网络要么通过独立的控制（在分散控制的情况下）要么经过智能化集中控制，使网络能够执行业务恢复。

业务恢复功能的作用要么是移除影响因素，要么是将受影响信道从一个波长移到另一个波长（在 WDM 网络中）。后者要求在业务恢复过程中预留某些特定的波长，并且在一些情况下它还要求波长变换。

将业务受损（损伤）分成三种情况：单信道业务受损、多业务受损（在一个光纤中）和所有信道业务受损（在一个光纤上）[40,41]。每个受损等级具有不同的复杂度和不同的恢复方法。

对于传统的 SONET/SDH，信号质量是通过计算开销字节中 BIP - 8 字节比特错误率（BER）来监测。一个是线路的 BIP‑8 字节，另一个是 SONET/SDH 链接的段部分的。这些计算结果记录在相应开销中的误码控制字节 B3（和 B1，B2）中，下一个节点将会读到这些值并且如果这个误码率超过接收阈值 10^{-n} 时，回应一个接收误码指示（REI‑L，REI‑P）。当自发倒换保护模式（线路、通道或者光通道）触动时，SONET/SDH 在 50ms 之内完成全部操作。当通道变化时，通道开销字节 J1 也需更新。

7.8 下一代协议

SONET 和 SDH 协议比 WDM 更早被定义，目的是为在单波长光纤网络中提供高效的同步 TDM 业务和某些异步数据业务的传输。同步净负荷被映射到 VT（SONET）或 VC（SOH）并使用 1310nm 或者 1550nm 二波长之一或者同时使用两种波长在光纤中传输。

十多年的时间内，SONET 和 SDH 验证了自身的可靠性和扩容性（带宽可提高），享受着这种发展给数据业务间接激起的爆炸式发展，并且以始料未及的方式成为了自身成功的受害者。这种爆炸式的增长要求更多的带宽，单光通道的 SONET/SDH 带宽被迅速耗尽。因此，为了缓解传统的 SONET/SDH 缺点，定义了下一代 SONET/SDH（NG‑S）。为了对比传统的 SONET/SDH 和下一代 SONET/SDH，表 7.5 比较了二者的特点。

表 7.5 传统的和下一代 SONET/SDH 的比较

	传统的 SONET/SDH	下一代 SONET/SDH
拓扑	只有环形和点到点	许多（环形、网状、点到点、树形）
比特率	OC‑n（预定）	OC‑n 和其他（增加的粒度）
接口	OC‑n	支持 DSI 和 OC‑768
光通道路	每根光纤（1300nm/1550nm）	支持 DWDM
有效负荷	ATM& 同步映射：打包有效率低	支持所有高效率的负荷映射，封装和级联
转换	低阶或者高阶	高阶，低阶，分组
级联	只能相邻级联	相邻和虚连接
可靠性	高	高
功能	SONET/SDH 确定	相同的 NE 多种集成
保护策略	小于 50ms 转换保护，但通道只有环形和点到点拓扑	小于 50ms 转换保护，通道、线路、路径有许多拓扑
花费（带宽 - km）	高	高

自从引入第一代 SONET/SDH 后，光网络变得更加智能[42]。下一代 SONET/SDH 支持 MSPP 和 MSSP。

（1）MSPP 提供汇聚、疏导和交换功能。它负责 SONET/ SDH 的告警和错误状态，支持不同的拓扑结构，如环形、多环、网状和点对点等的新保护方案。MSPP 的意义在于，它是边缘节点，具有不同的用户净负荷或支路（OC－n，GbE，IP，DS－n）接口。当一条支路出现故障时，会采用传统的 SONET/ SDH 做法。也就是说，当 MSPP 节点在其输入端检测到信号失效，它会指出信号丢失（LOS）并产生告警指示（AIS－L，AIS－P），然后将这些信息在所有受影响的虚拟容器里传送。接收到告警指示的节点对接收到的故障指示 RDI － L（用于段）、RDI － P（用于通道）进行响应。

（2）MSPP 通过大型的、无阻塞交换结构（交叉－连接）来管理带宽和波长。

7.8.1　NG－S 中的级联

传统的 SONET/SDH 定义了相邻级联，下一代 SONET/SDH 通过虚拟级联扩展了这个定义。

7.8.1.1　相邻级联

相邻级联（Contiguous Concatenation，CC）支持很长的数据包映射，这个数据包超过了 NG－S 同步有效负荷包（SPE）的容量。根据这个条件，CC 允许超过两个或者更多的相邻的 SONET/SDH 帧的数据包的映射。然而，与 CC 映射的效率有关的是数据包的长度和数据速率。例如，10 Mb/s 的以太网映射在相邻的传统 SONET STS－1s 或者 SDH VC－3s 上的效率大约只有 20%。同样，对于 100 Mb/s 以太网映射在相邻 STS－3c 或者 VC－4 上的效率大约是 67%，并且 1 Gb/s 以太网映射在相邻 STS－48c 或者 VC－4－16c 上的效率大约是 42%。

虽然相邻级联看似简单，但接收端必须能够识别相邻映射并且能够从相邻的 SPE 中提取数据包。相邻级联帧已经简化了段和线路开销，并且相邻级联帧需要一个单一的通道开销列，见图，7.17。

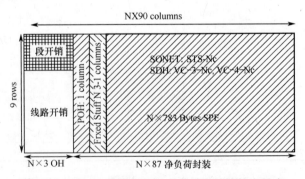

图 7.17　NG－S 的相邻级联有简单的帧结构和效率

7.8.1.2　虚级联

虚级联（VC）的想法是从互联网中得来的。因此，一个高阶帧（HO）或者一个高速率数据（例如吉比特以太网）被分段成低阶（LO）较小容器或包。每一个 LO 容器或包独立适匹到不同的 SDH 净负荷载分别传输，为了满足有效性可在不同的路径上传输。基于这一点，一个和 SONET/SDH STS – n/STM – m 净负荷不匹配的高速率数据被分割并适匹到不止一个 SONET/SDH STS – n/STM – m 净负荷，因此，被称为"虚级联"。例如，吉比特以太网（1GbE）可以被分割成适匹于两个独立的 STS – 12s 的净负荷，被称作 STS – 12 – 1v 和 STS – 12 – 2v。同样，100BASE – T 以太网可以映射两个 STS – 1s，即 STS – 1 – 1v 和 STS – 1 – 2v，见图 7.18。

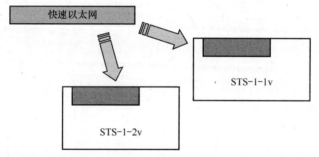

图 7.18　快速以太网帧可以映射为两个 NG – S STS – 1s

在网络中的接收点，LO 容器或包被收集起来并重新组合成它们的初始形式。分离独立通道的结果是两个容器的到达会有差分延迟。这就意味着，在目的地的容器必须被缓冲，以正确的顺序排列，重新调整，然后重组。因此，虽然 CC 解决了在 SONET/SDH 相邻 SPE 中拟合很长的容器或数据包的问题，但 VC 以更高的效率解决了在独立并且分离的 SPE 中传输很长且具有很高数据速率包的问题。

7.9　GMPLS 协议

7.9.1　MPLS

在一个支持不同协议（如 ATM）的网络中传输打包的数据（数据包）需要用 IP 去分段和适应。通常，一个协议到另一个协议转换会增加开销、延迟、处理和服务质量的偶然失配，导致整个网络的效率下降。人们定义了多协议标签交换（MPLS），目的是努力减少低效或者提高在另一个网络之上的多数据网络的效率。

根据 MPLS，当一个或多个标签进入一个 MPLS 网络的标签边缘路由器

（LER）时，被打在（添加到）IP 数据包上。在 MPLS 网络中，这些标签指示出下一个路由器的目的地，它们由一个搜索算法和被标识的信令计算得到并且它们可以建立最佳路径。这个从源到目的地的路径称为隧道[43-45]。

当一个标签交换路由器（LSR）接收到一个 MPLS 数据包，它转发这个数据包到路由器的其中一个输出，这个输出根据在数据包中的标签值和接收数据包的端口来进行选择。因此，在路由器中如果数据包被交换到一个不同的输出端口，路由器的 LSR 功能可以给分组使用另一个标签。

使用 MPLS 协议建立起来的连接被称作标签交换路径（LSP）。路由协议决定 LSP 预先为之定义的流量类别，被称为前向等价类（FEC）。FEC 是基于约束条件如 QoS 参数，输入端口数目和源（起始地址）来规范的。LSP 是由添加到数据包中的标签来定义的。根据标签分布协议（LDP），标签被分布在 MPLS 网络中。每一个 MPLS 节点（LSR 路由器），根据其路由的 MPLS 数据包构建输入 – 输出映射表。因此，一条路由是由一个标签序列定义的，因为这些标签已经被定义并由 LDP 分布。

当在 LSP 中发生故障和阻塞时，MPLS 协议会重选业务路由。这可以是通过预先建立的替代路由（这对时间要求高和高优先级 MPLS 包是必须的）或者靠重新计算另一条路由来完成，这样就需要计算和信令，并且会导致标签变换。

当 MPLS 用于 WDM 时，光网络控制平面不仅需要找到最佳可用的路由而且也需要去分配并且安排一条波长通道。也就是说，在 WDM 网络中建立光通道连接。然而，针对 DWDM，有几种不同的方法来建立光路连接，其中 MPLS 并没有有效解决这一问题。

7. 9. 2　GMPLS

一个支持通用多协议标签交换（GMPLS）协议的节点发布它的可用带宽和光资源（即连接类型、带宽、波长、保护类型、光纤标示符）到它的相邻节点。它也会通过发布信令询问相邻节点获得自己的状况，这就是邻居发现。

因此，GMPLS 运行时间必须短、快速配置并且快速切换到保护路径和恢复。

快速恢复特别重要，因为 WDM 网络[46,47]以每个波长、每秒几千兆的速率进行传输，所以长时间的恢复意味着大量数据包的丢失。根据众所周知的 1 + 1 或者 1：N 策略进行切换保护是典型方法。

GMPLS 包括端口交换、λ – 交换和 TDM。在网状光网络拓扑结构（甚至在受损的情况）内，它采用搜索算法去寻找可用的最佳路径，提供必要的信令消息，去建立端到端和链路的连通性，拓扑发现，连接配置，链接验证，故障隔离和管理以及恢复。这些算法找到最佳路由，这些路由可以满足通信要求，例如，所需带宽、流量优先级、实时要求、到达率以及其他。这些类同于 SONET/SDH

通信类型和服务水平。它们同时监视已建立路由的堵塞和故障。

GMPLS 将一个计算出的标签添加到数据包。这个标签描述了物理端口、所分配的波长和光纤。如果在一个光通道进入另一个节点并且离开它时，这个光通道没有任何改变，则标签仍然是一样的。但是，如果这个光通道有变化（由于堵塞、流量均衡，或者因为切换到保护），然后这个节点根据一个算法发现一个新的最佳路由，这个节点会向下游发送 RSVP 广义标签请求或者一个 CR - LDP 标签请求消息，重新计算一个新标签来替代旧标签。

一个 GMPLS 节点包括两个功能，一个是客户端接口或者是 GMPLS 聚合器接口，另一个功能是光 WDM 网络接口。

网络接口多路传输从聚合器接收到的信息流并且在 WDM 信号中进行多路传输。这个功能类似于使用光交叉 - 连接进行光分 - 插多路复用。GMPLS 聚合器接收客户端信号，汇聚它们，形成标签和数据包并且传送它们到光网络接口。

为了满足快速路由发现和快速响应时间，GMPLS 采取分布控制和半动态配置。

7.10　GFP 协议

通用成帧协议（GFP）是一个灵活的封装结构，可以适匹同步宽带传输应用业务（DS - n/E - n）、数据包（IP，GbE，IP，FC 等）和使用 LCA 来提升带宽利用率和效率的虚拟级联 NG - S 帧。通用成帧协议支持用户控制功能，这个功能允许不同的用户共享一个通道，并且在一个被改进的 SONET / SDH 帧中[48,49]，GFP 还提供一个有效的机制将宽带数据协议（例如光纤通道、ESCON、FICON、GbE）映射到多路级联 STS - 1 的净负荷。

GFP 还支持一个物理或逻辑层信号到一个字节的同步通道映射，支持不同的网络拓扑结构（短距离、中距离和长距离），具有面向分组或块编码数据流的低延迟，支持不同的服务质量（QoS）等级以满足服务水平协议（SLA）的要求。此外，GFP 允许现有的电路交换，允许 SONET/SDH、GbE 和其他数据基础协议作为一个集成和互操作传输平台。这个平台可以提供成本效率、用户要求的 QoS 和 SLA。

因此，下一代 SONET/ SDH 与传统的 SONET/SDH 区别在于能将多样的协议灵活封装在 GFP 通用帧中，然后再被映射到 SONET/ SDH 的同步净负荷封装（SPE），以用来支持长数据包和电路交换服务。

在下一代 SONET/ SDH 中，GFP 考虑了稀疏波复用技术和密集型波复用技术（CWDM，DWDM），这是光网络选择的一种技术。因此，利用下一代 SONET / SDH 上 GFP 的灵活性，WDM 的单个光通道（波长）可以携带不同的用户信号，以提高带宽利用率和效率，如图 7.19 所示。

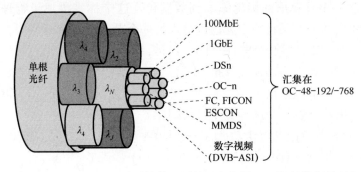

图 7.19　基于 WDM 的 NG－S 可携带不同的用户信号，以提高带宽利用率和效率

7.10.1　GFP 的报头、差错控制和同步

GFP 为有效负载和管理定义了不同长度的帧和不同特定客户的帧的类型。为了增加传输效率，它同一时间多路传输不同的帧，一帧接一帧。如果没有客户帧去复用，为了在传输介质上提供一个持续的数据流，它会复用空帧。

GFP 用自己控制的区域定义了一个有效载荷区，这个区包括线性点到点的和环形扩展的区域。因此，来自相同类型的不同客户端的有效载荷，例如 GbE，可以被多路复用，这种多路复用要么对同步有效载荷使用一个连续的循环方法，例如 DS1 和 DS3，要么使用已建立的排队表，这种方法适合在帧长和到达时间有实质改变的异步客户端的有效载荷。

GFP 定义了一个灵活的帧结构。GFP 帧定义了一个"核心帧头"和一个"有效载荷区域"。"核心帧头"支持非特定的客户端数据链路管理功能，如划定和有效载荷长度指示（PLI）及核心帧头错误控制（cHEC）。

GFP 分离了 GFP 适配过程和用户数据之间的误差控制。在假设终端用户会使用他们自己的纠错码的情况下，这个误差控制允许发送到目标接收帧，目标接收帧已经被损坏。在同步应用中如视频和音频，甚至损坏的帧都比没有帧要好，尤其是它们可以被终端用户所存储。

GFP 定义了两类功能：一般的和客户端特定的。

（1）常见的是 PDU 划分，数据链路同步，扰码，客户 PDU 复用和客户独立性能监控。

（2）客户特定的是指将客户 PDU 映射到 GFP 有效载荷，以及用于客户特定 OA&M（操作，管理和维护）。

GFP 区分两种类型的客户端的帧，客户端数据帧（CDF）和客户端管理帧（CMF）。一个 CMF 可以传输关于 GFP 连接或者客户端信号管理的信息。CMF 有一个强大的功能，它允许客户控制客户端对客户端连接。

　　GFP 的核心帧头只包括四个字节，见图 7.20。前两个字节定义有效载荷的长度，其他两个字节是循环冗余校验码（CRC－16），用来保护由于错误比特引起的核心帧头的完整性。核心报头差错控制（cHEC）能够识别多个错误，并纠正单个错误。

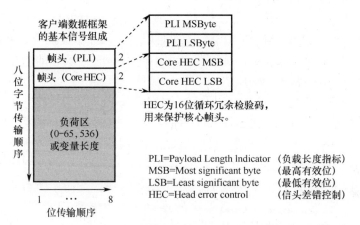

图 7.20　通用成帧协议核心帧头构成

　　对于帧定界（或帧同步），GFP 使用的是 cHEC；这是一个帧头差错控制的变异（HEC）并且使用 ATM 划定方案（ITU－T 建议 I.432.1）。因为比特率影响着误码率（BER），cHEC 在同步的质量上扮演着一个重要角色。

　　GFP 定义了两种加扰操作：加扰核心帧头和加扰有效载荷。加扰在发射端执行，解扰在接收端执行。

　　（1）因为核心报头很短，因此它的加扰是用简单的码进行逐位补的两位操作（异或），如 0xB6AB31E0。

　　（2）在有效载荷区比较长的情况下，可以使用一种自同步加扰算法。在有效载荷去所有的八位字节使用 $x^{43}+1$ 多项式进行加扰。加扰开始于 cHEC 后的第一个字节，结束于该帧的最后一个字节，它的状态会继续保留到下一帧，在 cHEC 后的第一个字节再一次重新开始。

7.10.2　GFP 帧结构

　　映射在 GFP 净荷区域有效载荷的类型是由八位字节的二进制值表示时，是用户有效载荷类型（UPI）。GFP 定义了两种帧类型，用户数据帧和客户端管理帧。

　　GFP 还定义了空帧，它是在帧多路复用处理过程中用来填补时间的。空闲帧包括四个字节，核心帧头，所有四个字段设置为全零。但是，加扰后，所有全零码变为具有足够密度的 1。客户端数据帧比管理帧有更高的优先级，空帧具有最低优先级。

7.10.3 GFP – F 和 GFP – T 模式

在相同的传输通道内，GFP 定义了两种不同类型的客户端，也称为传输模式，分别是帧映射 GFP（GFP – F）和透明映射 GFP（GFP – T）。

（1）GFP – F 模式可以优化分组交换应用，包括 IP、本地点对点协议（PPP）、以太网（包括 GbE 和 10GbE）和通用多协议标签交换（GMPLS）。

（2）GFP – T 模式优化了需要宽带效率的应用和时延敏感的应用，其中包括光纤通道（FC）、FICON、ESCON 和存储区域网络（SAN）。

为了满足实时需求，GFP – T 研究了固定帧长度并且当 GFP – T 到来时，将它应用在帧的每一个字节上。因此，GFP – T 不需要缓存，不需要移除空的数据包。所以，特殊的 MAC 是不需要的。在这种情况下，为了满足固定帧的要求，GFP – T 定义了超级块。它以 8B 或者 64b 来对客户端分段。将一个开头标志位加入到每一个段中形成一个块。八个连续块形成超级块，然而，所有八个标志被收集以形成一个字节，被放置在超级块的尾端紧随 16 个 CRC 位。计算得到的 CRC – 16 错误校验码在超级块中共有 536 位（$8 \times 8 \times 8 + 3 \times 8$），它被放在超级块的结束位置。

综上所述，根据 NG – S 的一般方案，同步通信被映射到 SONET/SDH（VT/TU 组），数据（IP，以太网，FC，PPP）被封装在 GFP 中（首先封装在 GFP 相关客户端，然后封装在 GFP 中所有的有效载荷中），并且数据还被映射到 NG – S STS – n 的有效载荷封装中。

在对 GFP 的配置和 NG – S 的映射处理过程中，形成了附加字节和指针去构建一个 NG – S 帧。图 7.21 描述了基于 NG – S 的映射客户端通信的具有逻辑性的主要步骤。

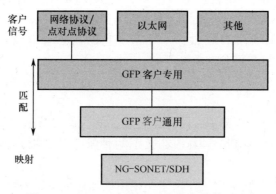

图 7.21　NG – S 中的 GSP 各种负荷的匹配

封装以太网 GFP 和映射到 NG – S 帧的例子示于图 7.22。

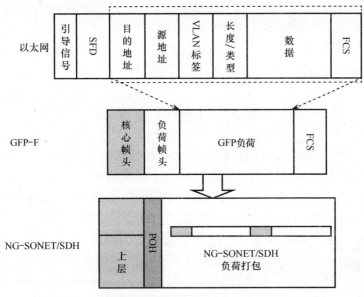

图 7.22　GFP 中以太网的帧封装以及 NG－S 帧的映射

7.11　LCAS 协议

为了满足用户的带宽请求和平衡流量负荷，链路容量调整方案（LCAS）允许动态地添加或删除 NG－S 中的容器，容器的添加和删除不能有通信流的中断（或无故障），见图 7.23。

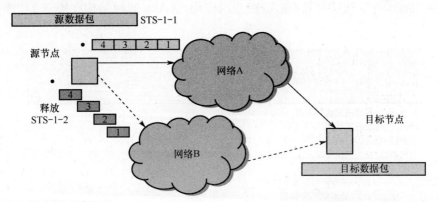

图 7.23　基于 NG－S 容器的 LCAS 中动态流量的平衡

LCAS 的实现是使用了控制数据包去配置起始点和目的地之间的路径。因此它采用分散控制处理。在超帧中，控制包是是通过 H4 字节（SONET／SDH 中的）为高阶 VC 传输的，通过 K4 字节（SONET／SDH 中的）为低阶 VC 传输[50]。

一个超帧包括 N 个复帧，每个复帧包括 16 个帧。在当前的超帧中的控制信息包中描述了下一个超帧的链路状态。改变主动发送到接收节点以允许有足够的时间重新配置本身。因此，当一个数据包到来时，链路的重新配置已经完成并且分组交换没有任何延迟。

7.12 LAPS 协议

链路接入规程 SDH（LAPS）包括数据链路服务和协议，这个协议被设计为通过传统的 SONET/ SDH 来传输点至点 IP 或以太网通信。

ITU – T（X. 86，第 9 页）中把 LAPS 定义为"一种物理编码子层，其通过 SDH 虚容器和接口速率提供了点对点传输。"ITU – T 规定的 LAPS 作为低成本物理编码子层以 SDH 虚容器和接口速率去传输点对点 IP 或以太网通信，同时，LAPS 还可以提供低延迟方差，在突发业务中的流量控制，能力远程故障指示，易用性和易维护性。IPv4，IPv6 PPP 和其他层协议的封装使用服务接入点标识符（SAPI）来完成。

两个 ITU – T 文档解决了 IP 的封装和速率适配与基于 LAPS 的以太网：ITU – T X. 85/ Y. 1321 使用 LAPS 定义了基于 SDH 的 IP[51]，ITU – T X. 86 定义了基于 LAPS 的以太网[52,53]。ITU – T 的 X. 85 和 X. 86/ Y. 1321 建议把 SONET/ SDH 传输作为面向字节的同步点对点链路。因此，帧是面向八位组的同步复用映射结构，这个结构定义了一系列标准速率、格式和映射方法。控制信号不是必须的，并且一个自同步的加扰功能在插入到同步有效载荷封装时被应用，$(x^{43}+1)$ 解扰功能在同步有效载荷封装/插入/分出时应用。LAPS 的帧结构在图 7.24 中可以看到。

起始标志 (0X7E)	地址段 (0X04)	控制段 (0X03)	负荷地址 (SAPI)	数据段 (IPV4/IPV6 或以太网)	FCS (CRC)	结束标志

起始标志=包含固定代码0x7E（0111 1110）。
地址段=包含固定代码0x04（0000 0100）。
控制段=包含固定代码0x03（0000 0011）。
负荷地址=两个八位字节定义为服务接入点标识符或者数据类型。
  例如：
    以太网的识别码为0xFE01。
    IPV4的识别码为0x0021。
    IPV6的识别码为0x0057。
数据段=包含一个IP地址或者一个以太网数据包。
FCS段=包含一个RFC 2615的32B RCR计算标准。
结束标志=包含一个八位字节标志用来标记LAPS的结束。

图 7.24 LAPS 协议的帧结构

在 LAPS 中为了简化 IP 和以太网数据包封装，八位组配置过程被定义（在 ITU - T X. 85 和 X. 86）称为透明度。因为每个帧的开始和结束用相同的标志（十六进制 0x7E 或二进制 0111 1110），在信息字段中也有可能遇到 0x7E，可能会去模拟帧标志。为避免这种情况，在发射机处，0x7E 一出现就会被转换为 {0x7D 0x5E}。此外，出现 0x7D 被转换为序列 {0x7D 0x5D}。接收端识别这些序列（0x7D 0x6E，0x7D 0x5D），并使用原来的字节将它们替换。基于 LAPS 的以太网和基于 SDH 的 LAPS 的透明度一定要得到充分的保证。

在同步的 SONET/ SDH 中的异步数据帧的 LAPS 映射需要速率匹配。也就是说，异步帧必须进行缓冲并且适用于使用"空"（或空闲）有效载荷的 SDH 速率，在接收端它被识别并被移除。在 LAPS 中，填充空闲有效负载的代码是一个需要 {0x7D 0xDD} 的序列。速率适配在透明处理之后和结束标志被添加之前执行。在接收端，用相反的顺序，即，在结束标志被检测到之后同时在透明度之前，去检测并且移除速率适配的序列 {0x7D 0xDD}。

图 7. 25 显示了基于下一代 SONET/ SDH 的 LAPS 中的以太网协议配置，这个协议配置是根据 ITU - T 建议 X. 86 和它的修正得来的。

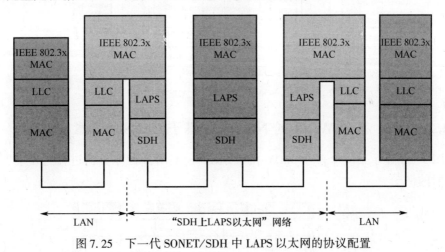

图 7. 25　下一代 SONET/SDH 中 LAPS 以太网的协议配置

7. 13　基于 SONET/SDH 的任何协议

7. 13. 1　例 1：基于 NG - S 的 LAPS 中的 IP

图 7. 26 显示基于 STM - N 使用 LAPS 的 IP 层/协议栈，和基于子速率 STM - N （sSTM - N）的 IP 层/协议栈，它是根据 ITU - T 的建议 X. 85/Y. 1321，采用了基于 SDH 的 LAPS 协议。图 7. 27 显示了基于传统 SONET/SDH 的 LAPS 中的 IP 协议配置。

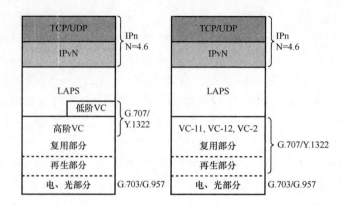

图 7.26　STM – N 中用于 LAPS 的 IP 层/协议堆栈

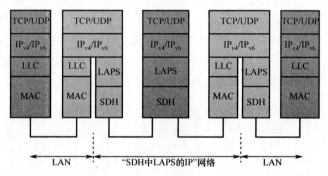

图 7.27　传统的 SONET/SDH 中 LAPS 的 IP 协议配置

7.13.2　例 2：基于 WDM 的 NG – S 中基于 LAPS 的任意净负荷

图 7.28 显示了一个基于 WDM 的在 NG – S 上用各种净负荷进行适配、封装和映射的例子。

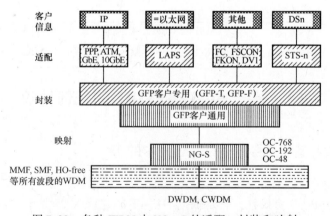

图 7.28　各种 WDM 中 NG – S 的适配，封装和映射

参 考 文 献

1. S.V. Kartalopoulos, *Understanding SONET/SDH and ATM*, IEEE-Press/Wiley, Piscataway, NJ, 1999.

2. Telcordia (previously Bellcore), GR-253-CORE, Issue 2, "Synchronous Optical Network (SONET) Transport Systems, Common Generic Criteria", 1992.

3. J. van Bogaert, "E-MAN: Ethernet-based metropolitan access networks", *Alcatel Telecommunications Rev.*, 1st Quarter, 2002, pp. 31–34.

4. IEEE 802.3ab, standard on 1000BaseT.

5. D.G. Cunningham, and W.G. Lane, "*Gigabit Ethernet Networking*", MacMillan Technical Publishing, 1999.

6. IETF RFC 791, Internet protocol.

7. "'Super Wi-Fi' nears final approval in U.S.". CBC. 13 September 2010. http://www.cbc.ca/technology/story/2010/09/13/super-wifi-white-spaces-fcc.htmlREF1. "Securing Wi-Fi Wireless Networks with Today's Technologies". Wi-Fi Alliance. 2003-02-06. http://www.wi-fi.org/files/wp_4_Securing_Wireless_Networks_2-6-03.pdf. Retrieved Nov 23, 2010.

8. S.V. Kartalopoulos, *Security of Information and Communication Networks*, IEEE/Wiley, 2009.

9. "WPA™ Deployment Guidelines for Public Access Wi-Fi® Networks". Wi-Fi Alliance. 2004-10-28. http://www.wi-fi.org/files/wp_6_WPA_Deployment_for_Public_Access_10-28-04.pdf. Retrieved Nov 23, 2010.

10. RFC 3748, "Extensible Authentication Protocol (EAP)", June 2004.

11. RFC 5247, "Extensible Authentication Protocol (EAP) Key Management Framework", August 2008.

12. FCC Sec.15.249, "Operation within the bands 902–928 MHz, 2400–2483.5 MHz, 5725–5875 MHZ, and 24.0–24.25 GHz".

13. "WiMax Forum", http://www.wimaxforum.org/, Retrieved Nov. 23, 2010.

14. "Facts About WiMAX And Why Is It 'The Future of Wireless Broadband'", http://www.techpluto.com/wimax-in-detail/, Retrieved Nov. 23, 2010.

15. "IEEE 802.16 WirelessMAN Standard: Myths and Facts", http://www.ieee802.org/16/docs/06/C80216-06_007r1.pdf, Retrieved Nov. 23, 2010.

16. "IEEE 802.16e Task Group (Mobile WirelessMAN)", http://www.ieee802.org/16/tge/, Retrieved Nov 23, 2010.

17. K. Fazel and S. Kaiser, *Multi-Carrier and Spread Spectrum Systems: From OFDM and MC-CDMA to LTE and WiMAX*, 2nd Ed., John Wiley & Sons, 2008.

18. M. Ergen, *Mobile Broadband—Including WiMAX and LTE*, Springer, NY, 2009.

19. ITU, "What really is a Third Generation (3G) Mobile Technology", (PDF), http://www.itu.int/ITU-D/imt-2000/DocumentsIMT2000/What_really_3G.pdf. Retrieved Nov 23, Retrieved Nov 23, 2010.

20. ITU-R. RP-090743 TR TR36.912 v9.0.0, and also ANNEX A3, C1, C2 and C3.

21. LTE Encyclopedia: http://sites.google.com/site/lteencyclopedia/ accessed March 2011.

22. White Paper: LTE Protocol Overview http://www.scribd.com/doc/18094043/LTE-Protocol-Overview; accessed March 2011.

23. 4G LTE Advanced Tutorial http://www.radio-electronics.com/info/cellulartelecomms/lte-long-term-evolution/3gpp-4g-imt-lte-advanced-tutorial.php accessed March 2011.

24. Telcordia (previously Bellcore), GR-253-CORE, Issue 2, "Synchronous Optical Network (SONET) Transport Systems, Common Generic Criteria", 1992.

25. American National Standard for Telecommunications—Synchronous Optical Network (SONET): Physical Interface Specifications", ANSI T1.106.06, 2000.

26. ANSI T1.102-1993, *Telecommunications–Digital hierarchy- Electrical interfaces*, 1993.

27. ANSI T1.107-1988, *Telecommunications–Digital hierarchy-Formats specifications*, 1988.

28. ANSI T1.105.01-1994, *Telecommunications–Synchronous optical network (SONET)-automatic protection switching*, 1994.

29. ANSI T1.105.03-1994, *Telecommunications–Synchronous optical network (SONET)-Jitter at a network interfaces*, 1994.

30. ANSI T1.105.04-1994, *Telecommunications–Synchronous optical network (SONET)-data communication channel protocols and architectures*, 1994.

31. ANSI T1.105.05-1994, *Telecommunications–Synchronous optical network (SONET)-Tandem connection maintenance*, 1994.

32. IETF RFC 2823, PPP over Simple Data Link (SDL) using SONET/SDH with ATM-like framing, May 2000.

33. ITU-T Recommendation G.707/Y1322, "Network Node Interface for the Synchronous Digital Hierarchy (SDH)", Oct. 2000

34. ITU-T Recommendation G.783, "Characteristics of Synchronous Digital Hierarchy (SDH) Equipment functional blocks", Feb. 2001

35. ITU-T Recommendation G.784, "Synchronous Digital Hierarchy (SDH) management", 1998

36. ETSI European Standard EN 300 417-9-1 (currently ITU-T), "Transmission and Multiplexing: Generic requirements of transport functionality of equipment; Part 9: Synchronous Digital Hierarchy (SDH) concatenated path layer functions; Sub-part 1: Requirements".

37. ITU-T Recommendation G.828, *"Error performance parameters and objectives for international, constant bit rate synchronous digital paths"*, Feb. 2000.

38. Telcordia (previously Bellcore), TA-NWT-1042, "Ring Information Model", 1992.

39. S.V. Kartalopoulos, *Next Generation SONET/SDH: Voice and Data*, Wiley/IEEE Press, 2004.

40. S.V. Kartalopoulos, *Introduction to DWDM Technology: Data in a Rainbow*, Wiley/IEEE Press, 2000.

41. S.V. Kartalopoulos, *Fault Detectability in DWDM*, IEEE Press/Wiley, 2002.

42. S.V. Kartalopoulos, *Next Generation Intelligent Optical Networks*: From Access to Backbone, Springer, 2008.

43. H. Christiansen, T. Fielde, and H. Wessing, "Novel label processing schemes for MPLS", *Opt. Networks Mag.*, vol. 3, no. 6, Nov/Dec 2002, pp. 63–69.

44. E. Rosen et al., *Multiprotocol Label Switching Architecture*, IETF RFC 3031, Jan. 2001.

45. Y-D. Lin, N-B. Hsu, R-H. Wang, "QoS Routing Granularity in MPLS Networks", *IEEE Communications Mag.*, vol. 40, no. 6, June 2002, pp. 58–65.

46. P. Ashwood-Smith, et al., "Generalized MPLS—CR-LDP Extensions", IETF RFC 3472, January 2003.

47. L. Berger, et al., "Generalized MPLS—RSVP-TE Extensions", IETF RFC 3473, January 2002.

48. ITU-T recommendation G.7041/Y.1303, "The Generic Framing Procedure (GFP) Framed and Transparent", Dec 2001.

第 8 章

FSO 网络安全

8.1 绪 论

众所周知，基于传统铜线网络的安全性已经陷入危险，因为通过简单的电气方法就可实施窃听。访问电路交换通信网络的环路侧需要适当的网络知识，才能知道如何挖开二线对（双绞线）实施窃听对话，进一步模仿信令码，即所谓的"蓝盒子"，建立端到端连接，从而避开交费。然而，后一种干预能被识别，并且增强的网络信令协议和信令方法可以避免非法使用"蓝盒子"。同样，在核心网络中，多路分接设备的端用户时隙需要专门的设备，以免网络受外界恶劣行为者窃听和病毒攻击的挑战。由于基于软件的互联网节点的普及，病毒和其他恶意攻击软件出现了，"网络（赛博）安全"的诞生，就是为了阻止其对网络和终端（计算机、类似计算机的终端）的企图，事实上，"赛博安全"和"软件病毒"是与互联网和计算机通信网相伴而行的术语[1]。

同步公共交换数字网（PSDN）和数据网络（诸如互联网）之间的差异为：

（1）相比于前者，后者以异步方式传输数据包。

（2）前者以连续和同步的方式（如每 125μs 的数字化话音样本，或实时视频）传输以字节为单位的信息，具有严格的实时性要求。

当数据包进入一个数据节点或路由器，它们被缓存在队列中，直到他们被切换到输出缓冲器。通常，"无连接"网络的路由不受网络的控制，根据网络协议和数据服务质量，选择其中一种方法确定。正是路由器中的数据缓冲，允许智能但恶意程序蔓延到计算机的执行能力，并启动许多不期望的操作，如电子欺骗、克隆、文件删除、文件复制、数据收集中的一个等。

与此相反，公共交换数字网（PSDN），是基于标准化同步帧，诸如 DS1 和 SONET／SDH 的[2]，它们直接通过开关或交叉连接节点，由于其路径在呼叫发起过程期间已经建立。因此，路由器终端用户的数据可以由特殊的专业工具远程访问，而端用户的数据在电路交换网络中透明传输。

除了 PSDN 和数据分组网络（诸如因特网），蜂窝无线网络也容易受到窃听和主叫号码模仿。事实上，利用空间电磁波，访问主叫号码和 PIN 码一直是相对容易的任务。因此，为了降低风险，蜂窝无线协议已经包括了增强用户认证和安全主叫号码识别程序。

光网络的玻璃光纤，单个通道传输速率是 Gb/s 或 Tb/s。其中 Tb/s 相当于同时发起 10 多万个对话，或大约 50 万个视频频道，或几百万的文件共传输，当然还有许多其他的分类[3]。

虽然光学技术比以前更加复杂，但由于其大容量的信息传输，却吸引了恶劣行为者。恶劣行为者采用正确的复杂工具可以攻击传输介质，并收获大量的信息，模仿源，修改信息或禁用网络的正常运行。因此，为了保证数据的安全性、完整性以及隐私，人们开发了高度综合、困难和复杂的算法。然而，除此之外，网络本身应该是复杂的并且能够检测恶意攻击和采用复杂的对策智取它们。

一般来说，信息保障、完整性和安全性旨在关注确保信任与客户预期的水平相称。预期包括在应用层、参考模型（如：ISO，ATM，TCP/IP）层边界、传输层以及计算机环境的信息或数据的保护。信息安全的目的还在于确保访问信息、接入网络是可控的，并且能够自我防御，并能够发起对策。

8.2 加　密

加密是一个过程，将数据（或纯文本）转换到难以理解和无法检测的数据，即密文，这是对除合法接收者之外所有接收者而言的。合法接收者唯一拥有能将密文转回原来形式的专业知识和适当授权。

难以理解意味着如果密文是由第三方即窃听者观看，不能从中提取原文。同样地，无法检测意味着，如果未授权方查找特定的密文，该密文不能被提取。

加密执行几个重要的信息安全服务：源与目的地址的认证、授权、数据完整性、消息保密和确认[4]。

加密过程包括一个安全机制，用于向合法接收者传输专业知识。同样包括将密文恢复为原来的形式。加密过程中原始数据（纯文本）转成难以理解的形式，称为编码或加密，编码的结果是密文，恢复数据原始的形式，称为解码或解密。

为了产生只有正当的接收者可以读取的密文，发送方需要一个密码，被称为密钥。发送者和接收者双方用来交换、确认密钥的方法是一个过程，称为密钥建立。密钥一经商定，可能保存在密钥机关的密钥存放处或密钥管理档案。类似地，一个公共密钥证书唯一标识一个实体，也包含该实体的公共密钥，唯一绑定该实体及其公共密钥，并且由可信的认证权威部门数字签名，作为 X.509 协议（或 ISO 认证框架）的一部分。如果密钥被怀疑受到影响，就可能被撤销。在这种情况下，可能重新启动密钥建立，实现密钥更新。

使用相同密钥编码/解码的方法被称为对称加密，并且密钥称为对称密钥。

为了产生对称密钥需要另一个对称密钥，即种子密钥，它被用来编码最终的密钥，因此被称为密钥加密密钥，这个过程被称为密钥包装。

在某些应用中，文本是二进制序列，加密密钥使用 XOR 运算功能对随时间串行的比特流进行比特或字节操作。这样的密码方法也被称为流密码，表示数据的序列（串行）化。流密文是通过相同的异或逻辑运算、相同的密钥解码。在这种情况下，密钥由伪随机发生器产生，对于这种情况，也称为密钥流生成器。

与对称加密方法相关联的重要问题之一是密钥分发。也就是说，密文的发送者与其合法接收者之间密钥的传输或通信。如果密钥在传输过程中被入侵者截获，密文值在密码学上是没有意义的。然而，如果密钥分发的保密性是一个问题，由于密钥只要需要可以尽可能的随机，因而对称加密是非常强大的。

如果加密方法使用一个密钥用于编码和另一个密钥用于解码，这种加密方法称为非对称加密。该方法特别引起人们的兴趣是因为传输过程中编码密钥被拦截不会泄露解码密钥。因此，非对称密钥方法是有吸引力的，适用于因特网和其他应用程序的一些复杂加密方法正是受到了该方法的启发。其中之一就是公钥加密。

公钥加密码使用二个密钥对，其中一对是公钥和另一对是私钥。公钥加密的一般文本只能用相关联的私钥解密。公钥加密也与单向哈希函数一起使用，以产生一个数字签名。据此，私钥签名的消息可以用公钥验证 [5-7]。

8.3　安全级别

加密模块通常包含加密子单元，公钥和私钥，明文或密文，存储器和寄存器。模块有数据输入输出端口、一个维护端口、一个门或盖，可能有潜在的物理接触或者受电磁干扰、环境涨落或功率涨落。因此，一个不正当行为者可以利用模块的弱点和漏洞，获取非授权访问加密密钥。安全管理对模块物理实体的防护措施提出了要求。

FIPS1402 定义了四个安全级别 [8-12]。四个级别的概述如下：

（1）安全等级 1（SL-1）详述了加密模块，即一块个人计算机加密板的基本要求，以便软件和固件元件在一个未评估的通用计算环境中执行。对 SL1 模块，没有提出详细的物理要求。当执行物理维护时，所有的明文密钥、私有密钥和其他包含在加密模块中的关键安全参数（CSP）将被归零（复位），这可由操作者按程序执行或加密模块自动完成。

（2）安全等级 2（SL-2）通过篡改证据涂层、密封、门上的锁和盖板，防止未经授权的物理访问。在这个安全等级，当操作者需要获得访问以执行一系列相应的服务，操作者请求授权访问，并且加密模块批准授权访问。为了实现这一点，SL－2 需要基于最小规则的授权，SL－2 增强了 SL－1。

（3）安全级别 3（SL－3）试图阻止入侵者获得从访问加密模块到关键安全参数（CSP）。因此，SL－3 需要具有检测物理访问意图高概率的物理安全机制和报告机制。当外壳被侵犯，它应引起加密模块的严重损坏。要做到这一点，SL－3 需要身份验证机制。SL－3 物理上需要独立的输入/输出端口，用于加密的文本或明文通过加密模块的加密。电路检测打开盖板或门或访问维护访问接口的意图。然后，该电路归零明文秘密和公共密钥以及包含在加密模块中的 CSP。SL－3 增强了 SL－2。

（4）安全等级 4（SL－4）提供了围绕加密模块物理安全的完整包封，能检测渗透到加密模块企图访问加密密钥的任何尝试。SL－4 同样防止安全陷入危险，这是外部环境不可避免的条件和波动造成的。加密模块既包含环境故障保护（EFP）又包含环境故障检测（EFT）机制。试图除去或溶解所述保护涂层将导致加密模块的严重损坏。

8.4　安全层

在现代通信网络中，安全性并不仅局限于加密用户信息（数据）消息，还包括数据输入到基于计算机的节点和在存储器中的暂时存储。此外，配置节点和经由网络控制消息对节点维护，消息经由电、光或无线发射，这些都潜在有被截获的可能。

例如，加密的数据意味着该传输介质是安全的。如果有一个生成和分发密钥的加密算法，不能以任何方式中断，这可能是正确的。这样，加密的数据在通信安全性上仅是一个维度，这是最终用户的责任。我们称这个安全是在信息层上。

假定一个恶意的行为者割开通信网络的物理层（链路或节点），以窃听和复制数据，即使数据被加密。如果恶意的行为者可以提取密钥，那么他/她可以破译加密的文本，也可能改变它，进行重新编码，并将其转发到目的地。在这种情况下，监视和检测网络的恶意干预需要智能化的方法。因此，网络物理层安全性是另一个维度，这是网络供应商负责的。

假设一个恶意的行为者对窃听的消息不感兴趣，但在阻止网络建立密钥，或破坏路由器和终端的消息，或接收从计算机节点的数据，或改变数据的安全性和目的地址，或改变数据场。这可以在现场或远程实现。这可能会导致网络拥塞，节点或路由器重新配置，或在其中种植的可执行程序，可以在特定条件（一个命令或特定时间）下被激活，禁止认证和密钥分配过程等。这是另一个关于 MAC/网络层安全的维度。因此，监控和检测正确的网络协议的执行是安全的另一个方面。

此外，网络应该包括智能机制恶意的行为者和避免恶意的活动，这种机制被称为对策。

8.4.1　信息层安全

如果考虑一个保密文本有待发送。那么将会采取一些步骤使它变得模糊不清（加密），然后再到达授权的第三方。第一个保证层次是加密文本。源加密文本和接收端解密构成了信息安全层。该层并不关心传送机制本身，而是关心：

（1）在源哪些算法可以加密消息，在正确的目的地哪些算法可以解密，因此，即使它由第三截获，仍然牢不可破？

（2）怎样才能在传输加密消息之前，在源和目的地之间建立安全密钥？

在一般情况下，加密密钥分对称和非对称。通常，加密方法提供的安全级等级，取决于第三者捕获并提取密钥的难度。同样，加密方法的效率取决于密文转换为纯文本的速度和密钥的长度，较短的密钥有更快的解密，但同样第三方更容易计算密钥。

在本章中，我们研究具体的加密方法，一些简单，但（如已经描述的）一些困难。事实上，最困难的算法依赖计算机代数算法的复杂度和量子粒子的特性。

8.4.2　MAC/网络层的安全

传播媒体访问控制层（MAC）是基于计算的，负责可靠的数据传送、网络接入和安全（用户认证，授权）。在一般情况下，MAC 层授予访问请求来传输，计算网络的最佳路径/路由，确定数据帧的完整性，丢弃帧，重发帧，或重新路由帧。因此，该层对网络的正确运行是至关重要的，如果它不能正常，则可能导致节点拥塞，甚至网络拥塞。因此，该层的安全性也很重要。节点的安全性是通过适当的筛选（防火墙）保证，并通过动态更新访问密码。然而，已经反复证明数据网络对路由器中存储转发或部分存储引起的攻击是非常脆弱的。因此，隐藏在分组中可执行的恶意程序可能进入路由器 MAC 层。病毒种植、克隆、欺骗、洪水、木马等，都是恶劣行为者的恶意攻击，攻击时甚至不必接近节点。

8.4.3　链路层安全

链路层包括从发射机到接收机的通信链路，包括介质。在通信网络中，该介质可以是导引或非导引介质。其中导引介质是双绞（铜）线（对）（TP）、同轴电缆（CB）和单模光纤（SMF）。其中非导引介质是在大气或空间的电磁波，或在大气中的自由空间激光束。

链路长度可以从几百米到几千米。因此，链路可能还包括中继器，分插复用器和交换机或路由器。这样一来，即使我们能够在链路上信任模块的物理完整性，介质本身提供了攻击的机会，它不能被信任；双绞线和同轴电缆已很容易被篡改。对于光纤介质，虽然复杂，但是采用合适的设备，不是不可篡改。在非导引介质中，大气中的电磁波到达我方和对方的天线，因而这种媒介是最容易被窃听和源模仿的。自由空间光束是相对安全的，因为该光束很窄，人的眼睛看不见，它需要 LoS 工作，虽然其也有漏洞，这一点将专门讨论。

传输介质，除了传输信息（密文），它也在密钥分发过程中传输密钥。因此，如果一个恶劣行为者能够在合理的时间捕获或计算出密钥，那么密文可能就危险了。

因此，该通信链路应该能够连续地监测其完整性，认证信道，验证信道和链路识别或签名，包括应对策略。

8.4.4 FSO – WLAN 安全

一旦 FSO 回传与 WiMAX 网络和协议集成，除了前述的安全机制，在关键路径上的无线网络和安全机制需要评估。

（1）如果使用 WiFi 技术和协议，WiFi 联盟已经把重点放在有关 WiFi 保护访问（WPA）安全机制。WPA 利用临时密钥完整性协议（TKIP），它是 IEEE802.11ix 标准的一部分，提供以基于可扩展认证协议（EAP）的数据加密和用户认证以及 IEEE802.1X，这个协议同样是一个基于端口网络访问控制的机制[13]。IETF（RFC3748）定义的 EAP，是一个灵活的框架，允许认证协议在端用户和验证者之间进行交换。

（2）如果使用 WiMAX 技术及其协议，WiMAX 的安全性支持加密标准和端到端的认证协议。WiMAX 的所有流量都使用密码块链接认证码协议（CCMP）的计数模式加密消息，CCMP 使用了可扩展验证协议（AES），用于传输安全性和数据的完整性认证。因为 WiMAX 受制于 IP 漏洞，例如拒绝服务（DOS）和恶意黑客攻击，所以连续入侵检测是重要的。

移动站（MS）与基站（BS）之间，EAP 利用 IEEE 802.16e – 2005 年定义的协议，它运行在 WiMAX 物理层（PHY）和媒体访问控制（MAC）层。

移动 WiMAX 端到端的网络结构模型遵循网络参考模型（NRM），由 WiMAX 论坛的 WiMAX 论坛网络工作组开发（NWG）[14]。在 WiMAX 中集成 FSO 的进一步工作仍在进行中[15-18]。

8.5　FSO 固有的安全特性

先进的光通信网络需要各等级的安全，如物理的，控制的和应用的[19]。一般来说，FSO 收发器安装在高层建筑和屋顶，因而收发器不容易进入，电子设备可安放在安全的封闭机箱，并且连接电缆可能被无法剥开的套筒保护[20]。

此外，机箱可能有传感器检测未经授权的入侵，如果检测到篡改能触发警报。

最后，由于 FSO 网络的主要目的是针对私有网络应用，可以在每一个链路使用专用加密协议与个性化的加密密钥。

FSO 网络也有几个固有的安全特性：

（1）激光束很窄并且是在人眼无法看见的光谱范围，其结果是不可见的 FSO 链路难以由第三方来本地化。

（2）激光束是在一定的高度（如果从地面测量的话），不容易被访问。

8.5.1　FSO 光束泄漏

现代窃听者不应该被低估，他（她）有可能使用最精密和智能的设备。我们的窃听者，埃文（Evan），知道该光束略微发散形成了一个圆锥角形，其直径随着距离成正比增加。这样，在接收器处，圆锥体的直径超过了接收机的孔径，并且传过来的信号光功率超出接收机接收的光功率，这被称为泄漏，如图 8.1 所示。泄漏给窃听提供了机会，并且可被埃文利用。因此，波束越窄，泄漏越少是 FSO 固有的安全特性。

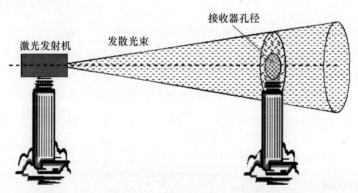

图 8.1　从接收器孔径泄露的发散光束提供了窃听机会

特别是，FSO 网络[21]的每个节点有一个以上的收发器，因此，有更多的泄漏窃听机会。

8.5.2 FSO 波束窃听

虽然 FSO 波束窄且是不可见的，恶意的窃听者还是有方法能够识别光束的路径。在一些情况下，光束可能经过位于发射机和接收机之间的另一建筑物附近。如果第三建筑物离此只有几米的距离，那么，有可能用透明板反射其部分光功率，窃听光束，如图 8.2 所示。

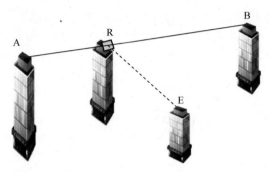

图 8.2 一束光从 A 到 B 通过中间附近建筑（R），它可能部分偏转到另一个建筑（E）被窃听

然而，波束窃听容易被检测并通过定期巡测检查纠正。

8.5.3 FSO 电缆窃听

电缆窃听就是一个典型案例。信号通过电缆从屋顶收发机箱（房）连接到交换机或路由器。该电缆的物理安全性是重要的，并且为了确保电缆的完整性必须遵循安全的安装程序。

8.6　结论

总之，任何通信网络的安全性对于窃听都是脆弱的。恶意窃听者是富有经验的，在此领域受过教育的和专业的，他们有复杂的处理工具，其中一些是专门为此制作的。因此，网络安全工程师应保持警觉，检查所有可能存在的漏洞，制定必要的对策，并持续监测网络的不同层和各种可能的攻击等级。

参 考 文 献

1. S.V. Kartalopoulos, "A Primer on Cryptography in Communications", *IEEE Communications Magazine*, vol. 44, no. 4, pp. 146–151, 2006.

2. S.V. Kartalopoulos, *Understanding SONET/SDH and ATM*, IEEE Press, 1999; also, Prentice Hall of India.

3. S.V. Kartalopoulos, *Introduction to DWDM Technology: Data in a Rainbow*, Wiley/IEEE Press, 2000.

4. S.V. Kartalopoulos, *"Security of Information and Communication Networks"*, Wiley/IEEE, 2009; recipient of the "2009 Choice Award of Outstanding Academic Titles".

5. FIPS Pub 186-2, *Digital Signature Standard*, January 2000

6. FIPS Pub 186-2 change notice, *Digital Signature Standard*, October 2001.

7. FIPS 180-2, *Secure Hash Standard (SHS)*, August 2002.

8. FIPS PUB 140-2, *Security Requirements for Cryptographic Modules*, 2002.

9. FIPS PUB 140-2, *Security Requirements for Cryptographic Modules*, Annex A: Approved Security Functions, Draft, 2005.

10. FIPS PUB 140-2, *Security Requirements for Cryptographic Modules*, Annex B: Approved Protection Profiles, Draft, 2004.

11. FIPS PUB 140-2, *Security Requirements for Cryptographic Modules*, Annex C: Approved Random Number Generators, Draft, 2005.

12. FIPS PUB 140-2, *Security Requirements for Cryptographic Modules*, Annex D: Approved Key Establishment Techniques, Draft, 2005.

13. Wi-Fi Alliance "WPA™ Deployment Guidelines for Public Access Wi-Fi® Networks", October 28, 2004.

14. WiMAX Forum, "WiMAX End-to-End Network Systems Architecture - 3GPP/ WiMAX Interworking, Release 1", 2006.

15. Wen Gu, S.V. Kartalopoulos, and P. Verma, "Performance Evaluation of EAP-based Authentication for Proposed Integrated Mobile WiMAX and FSO Access Networks", to be presented at the IEEE Wireless Communications and Networking Conference 2011 (IEEE WCNC 2011 – Network, March 29–31, Cancun, Mexico.

16. Wen Gu, S.V. Kartalopoulos, and P. Verma, "Secure and Efficient Handover Schemes for WiMAX over EPON networks," presented at the 4th WSEAS Conference, January 2010, Harvard University, Cambridge, Mass.

17. Di Jin, S.V. Kartalopoulos, and P. Verma, Chapter 5, *Wireless Ad Hoc and Sensor Networks Security*, in "Security and Privacy in Mobile and Wireless Networking", S. Gritzalis, T. Karygiannis and Ch. Skianis (editors), Troubador, ISBN: 978-1905886-906, 2009.

18. Wen Gu, S.V. Kartalopoulos, and P. Verma, Chapter 7, *Security Architectures and Protocols in WLANs and B3G4G Mobile Networks*, in "Security and Privacy in Mobile and Wireless Networking", S. Gritzalis, T. Karygiannis and Ch. Skianis (editors), Troubador, ISBN: 978-1905886-906, 2009.

19. S.V. Kartalopoulos, "Security in Advanced Optical Communication Networks", Proceedings of the IEEE ICC 2009 Conference, Dresden, GE. June 14–18, 2009, IEEE Catalog no.: CFP09ICC-USB, ISBN: 978-1-4244-3435-0.

20. S.V. Kartalopoulos, "Protection Strategies and Fault Avoidance in Free Space Optical Mesh Networks", IEEE ICCSC'08 Conference, Shanghai, May 26–28, 2008; Proceedings on CD-ROM: ISBN 978-1-424-1708-7.

21. S.V. Kartalopoulos, "Security of reconfigurable FSO Mesh Networks and Application to Disaster Areas", SPIE Defense and Security Conference, March 16–20, 2008, Orlando, Florida, paper no. 6975–9, Session S2; Proceedings on CD-ROM.

第 9 章

自由空间光通信的特殊应用

9.1 绪 论

　　光通信已经成为超高宽带数据传输的首选方法。目前，通信服务需求集成了话音、高速数据、互联网、图像、视频、游戏、广播等。这种集成可由采用光学技术的核心网很容易地满足[1]。但是，对目前的接入网构成了挑战，它们需要接入各种数据速率和不同的业务类型和技术，包括无线。一种在接入范围上能迎接这种挑战的技术就是光学技术和下一代的标准，如吉比特以太网和下一代同步光网络/同步数字体系[2]。

　　同样，自由空间光通信技术也被应用于通信，正如之前已经描述过的，对于一些其他（更特殊）的应用，能容易和快速地安装。

　　本章，目的是简要描述几种可能的应用而不是提供一个详尽的列表。更多的应用已经在使用，也已经被提出。

9.2 高速公路辅助通信的 FSO 网络

　　考虑一个多跳拓扑的自由空间光网络，能够向几千米距离以外，传输不低于1GB/s 的业务带宽。每一跳的距离为 1 ~ 4km，总路径长度可以为 1 ~ 20km，这取决于起点和目的地之间的中间节点的数量 r。

　　中间节点可以是光分插复用器或是通过节点。直接通过节点由太阳能电池供电。在这种拓扑结构中，路径采用了 Y 型全双工模式，传输平衡或非平衡业务，这取决于应用。

　　上述 FSO 网络可以部署在公路上来进行数据传输，从/到控制中心到/从收费亭，公路标志，高速公路监控相机和急救站。在受到雾和其他大气作用影响的地区，可能会造成 FSO 链接的暂时中断，此时可以使用无线电发射代替。

9.3　灾区的 FSO 网状网

自由空间光网络易于部署，因此它们对于环状或网状拓扑结构的紧急自组织网络（ad – hoc）是一个可行的解决方案，能覆盖几平方千米并支持无线话音、数据和视频服务[3]。这样的网络在自然灾害、军事远征和其他短期通信网的应用情况下特别有用。已经证明环状和网状网络拓扑结构具有良好的避灾能力和更好的保护能力。这里描述了在自然灾害的情况下自由空间光通信系统的适用性。

自然灾害（洪水、飓风、风暴、火山喷发等）发生在有人居住的地区，极大地影响了通信基础设施，特别是，到家庭/公司的连接，即"接入网"或"最后 1 千米"，在相当长的时间内，影响宽带和基带通信，如电话、网络和视频服务通信。当灾难发生时，服务恢复之前，一个临时的通信解决方案应是很重要的，一个候选的解决方案是一个网孔形 FSO 网络，可能的话采用无线电射频更好。

自由空间光通信技术用于光学回传网络，并且 FSO 节点与光纤以及无线接入技术，如 WiMAX（全球互操作性微波接入）和 WiFi 集成在一起。

WiMAX 是一种室内和室外的无线通信技术，它是基于 IEEE 802.16m 标准（最新的 IEEE 802.16），提供了高达 1GB／s 的宽带服务[4-11]。WiMax 网关提供 WiFi 接入到集中器的，以及到 Ethernet（以太网）和 PSTN（公共交换电话网络）的接入。

同样，WiFi 无线局域网技术，由 WiFi 联盟定义，是基于 IEEE 802.11 标准的（802.11n 标准是原先的 802.11 的扩展，用于提高无线链路的质量，从而提高数据传输速率和连接范围）[12-14]。

WiMAX 和 WiFi 技术都可以集成在 FSO 节点上来快速构建一个网状拓扑结构的网络，并绕过受损的基础设施建立通信服务。网状的 FSO 网络也可以被部署在先前不存在基础设施的地区，以满足紧急和临时通信需求。

为了快速应对受到自然灾害影响的地区，经过快速调查，预设节点可以很容易地移动和定位到合适的位置。为了便于部署，预设节点可能是在"车轮上"（在极端的情况下，如果必要时，他们可以被直升机吊起来和定位，见图 9.1。因此，"轮子上的节点"快速构建了一个固定的临时的可重构网状网络，以便当与公共网络连接时（其中一个节点连接到中央办公室），与世界范围内的任何一点建立通信业务（话音、数据、视频），见图 9.2。值得注意的是宽带宽的网孔形 FSO 网络为各种应急单位，如医疗、监控、操作、搜索、警察、消防等，提供多重服务（地面和移动话音、互联网、图片和视频等）。然后，当通信基础设施被修复，网孔形 FSO 可以很容易地被包装并移动到另一个需要的地方。

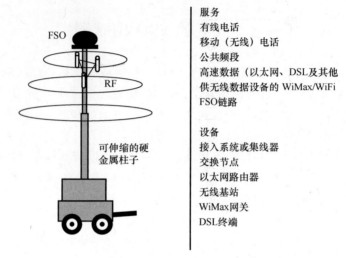

服务
有线电话
移动（无线）电话
公共频段
高速数据（以太网、DSL及其他
供无线数据设备的 WiMax/WiFi
FSO链路

设备
接入系统或集线器
交换节点
以太网路由器
无线基站
WiMax网关
DSL终端

图 9.1　"车轮上的" FSO 节点同时支持光和射频连接

9.4　可见光通信

可见光通信（VLC）是一个最新的 FSO 技术，利用了低成本的光电器件，发光二极管（LED）和 PIN 光电探测器工作在可见光谱范围，即从 400nm（深蓝色）到 700nm（深红色）。发光二极管已经应用在激光指示器（激光笔）、平板电视和其他大规模生产应用。

目前，还没有 VLC 的国际标准；IEEE 802.15 第 7 工作组（TG7）已特许定义了物理层和媒体接入层，JEITA（日本电子信息技术产业协会）定义一个可见光 ID 系统的专门标准。

VLC 可能的应用是针对短距离（几米到几百米左右）的室内和室外的局域网，可以提供潜在的服务，如沟通、跟踪、导航、通信和娱乐等。

例如，一个 VLC 系统可以与照明系统结合：

（1）建筑物内提供向导、监视和通信服务。

（2）在街道和公路提供导航、跟踪、避障、交通拥堵信息、应急通信和遇险呼叫服务等。

为 VLC 应用设计的数据率上限可达 50Mb/s，该数据率接近标准发光二极管的上限。然而，共振腔发光二极管（RCLED）运转速率上限可达几百 Mb/s，而且它比标准发光二极管更加有效。RCLED 是一个垂直结构二极管，由夹在两片布拉格层之间的有源层组成。也就是说，它是一个垂直的分布反馈激光器，和垂直腔表面发射激光器（VCSEL）有些相似，VCSEL 有一个由量子阱堆栈层构成的有源层，其结构如图 9.3 所示。

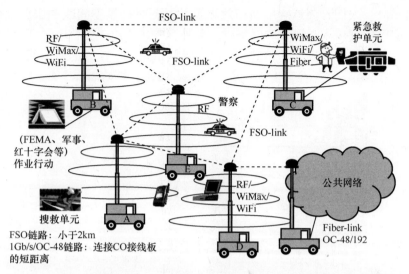

图 9.2　车轮上的预制 FSO 节点可以在灾区快速构建一个临时的网孔形无线
光通信网络来提供公共网络的宽带接入服务

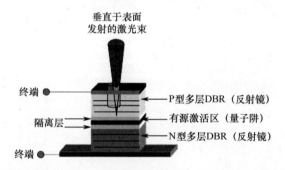

图 9.3　垂直腔表面发射激光器发出的垂直光束。有源区域由量子阱堆积而成。
共振腔发光二极管有一个活跃的单层共振腔

如今，在无光纤的光通信中，例如 FSO 与 VLC，尽管来自每个发光二极管的
光功率较小，但一簇发光二极管集成到相同的基片上，并且整合到一个微透镜
中，就可以获得一个高强度的光束，更适用于 VLC 和 FSO 应用，如图 9.4 所示。

9.5　总　结

FSO 技术可以快速应用到大量的拓扑网络。此外，FSO 将会得益于光子、光
学和光–电器件以及器件集成的微型化，这让体积小、适用范围广、自动追踪以
及重量轻的节点可以建立起超高带宽的可靠网络，这个网络在有效的成本内可以
同时支持多重服务，例如音频、数据、网络、图片以及视频等服务。当 FSO 由射

频来备份时，人们希望该网络在面对大量的服务时提供不间断的服务，如住宅、企业、紧急情况、永久以及临时需求。此外，FSO 适用于更特殊的通信网络，例如固定到移动、移动到移动，同时包括卫星间以及太空深处的通信网络。

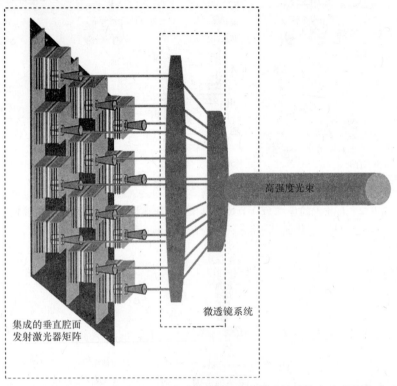

高强度光束

微透镜系统

集成的垂直腔面
发射激光器矩阵

图 9.4　在同一底层上集成的一组发光二级管通过微透镜系统产生高强度光束

参 考 文 献

1. S.V. Kartalopoulos, *DWDM: Networks, Devices and Technology*, Wiley/IEEE Press, 2003.

2. S.V. Kartalopoulos, *Next Generation SONET/SDH: Voice and Data*, Wiley/IEEE Press, 2004.

3. S.V. Kartalopoulos, "*Free Space Optical Mesh Networks For Broadband Inner-city Communications*", 10th European Conference on Networks and Optical Communications, NOC 2005, University College London, pp. 344–351, July 5–7, 2005.

4. "Facts About WiMAX And Why Is It The Future of Wireless Broadband". http://www.techpluto.com/wimax-in-detail/. Retrieved 23 November, 2010.

5. "WiMax Forum". http://www.wimaxforum.org/. Retrieved 23 November, 2010.

wireless/features/wireline_wireless_networks_060305/. Retrieved 23 November, 2010.

7. "High speed Microwave". http://www.wimaxforum.org/technology/faq. Retrieved 23 November, 2010.

8. "FCC Pushes WIMax OK for Katrina Victims, Intel supplies the hardware". http://www. mobilemag.com/content/100/102/C4618/. Retrieved 23 Nov, 2010.

9. "At least two more WiMax handsets coming in 2010", EETimes, 2010-01-04. http://www. eetimes.com/news/latest/showArticle.jhtml?articleID=224201135. Retrieved 23 November, 2010.

10. "IEEE 802.16e Task Group (Mobile WirelessMAN)", http://www.ieee802.org/16/tge/. Retrieved 23 November, 2010.

11. "IEEE 802.16 Task Group d", http://www.ieee802.org/16/tgd/. Retrieved 23 November, 2010.

12. "Wi-Fi Alliance: Organization". http://www.wi-fi.org/organization.php, Retrieved 23 November, 2010.

13. "Wi-Fi Alliance: White Papers" for certification at www.wi-fi.org. http://www.wi-fi.org/wp/ wifi-alliance-certification/. Retrieved 23 November, 2010.

14. "Securing Wi-Fi Wireless Networks with Today's Technologies". http://www.wi-fi.org/files/ wp_4_Securing%20Wireless%20Networks_2-6-03.pdf, Retrieved 23 November, 2010.

内 容 简 介

本书全面系统地讲述了自由空间光通信（FSO）技术。全书共分9章，内容涉及大气现象对 FSO 光束传输的影响、FSO 光器件、FSO 网络节点设计、FSO 网络安全与应用等。

本书由全球知名光通信专家撰写，内容涵盖面宽，语言通俗易懂。本书适用于通信工程及相关专业高年级学生和研究生的优秀教材，对于从事通信工程的技术人员也是一本好的参考书。